Product Hand-drawn Rendering Technique

产品手绘效果图技法

薛丹丹　郑莉珍　周若男 ○ 主 编
徐贤铁　薛博匀 ○ 参 编

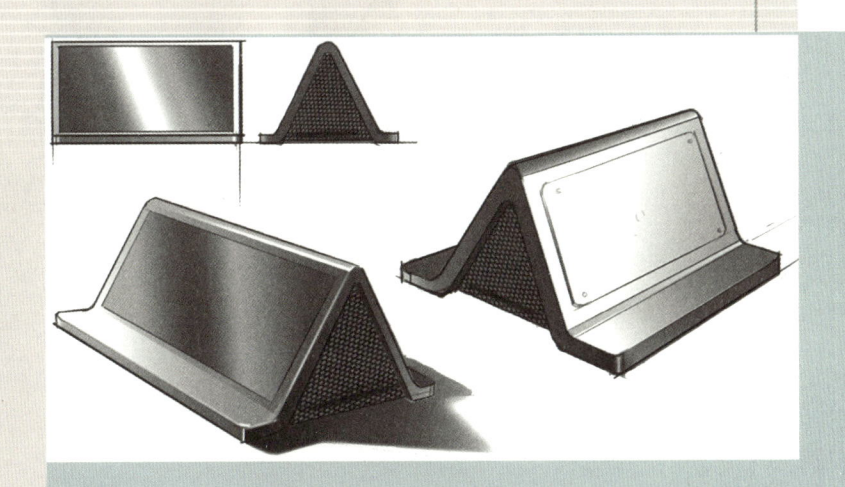

北京理工大学出版社
BEIJING INSTITUTE OF TECHNOLOGY PRESS

内 容 提 要

本书是一本按照项目化教学方法编写的涵盖当前主流手绘工具、表现手法、产品材质等内容的教学用书，具有较强的针对性和实用性。全书各部分均以典型产品造型为案例进行讲解，内容包括几何体、组合体、倒角体、曲面体产品，塑料、金属、木纹、透明材质产品，以及蓝牙音箱、电推剪、太阳眼镜、运动鞋等产品造型的手绘表现。全书按照形体结构—光影材质—数字表现三大模块递进式项目编写，每个项目包含初阶—中阶—高阶—拓展四阶任务，能配合翻转课堂进行混合式教学。

本书可作为高等院校工业设计专业、产品设计专业和其他相近专业的教材，也可作为工业设计者的培训用书及参考用书，特别适用于产品外观设计师岗位从业者及初学者。

版权专有　侵权必究

图书在版编目（CIP）数据

产品手绘效果图技法 / 薛丹丹，郑莉珍，周若男主编. -- 北京：北京理工大学出版社，2025.1.
ISBN 978-7-5763-4986-3

Ⅰ. TB472

中国国家版本馆CIP数据核字第20259999AL号

责任编辑：江　立	文案编辑：王晓莉
责任校对：周瑞红	责任印制：王美丽

出版发行 / 北京理工大学出版社有限责任公司
社　　址 / 北京市丰台区四合庄路6号
邮　　编 / 100070
电　　话 /（010）68914026（教材售后服务热线）
　　　　　（010）63726648（课件资源服务热线）
网　　址 / http://www.bitpress.com.cn
版 印 次 / 2025年1月第1版第1次印刷
印　　刷 / 河北鑫彩博图印刷有限公司
开　　本 / 889 mm×1194 mm　1/16
印　　张 / 11
字　　数 / 170千字
定　　价 / 95.00元

图书出现印装质量问题，请拨打售后服务热线，负责调换

前言
PREFACE

　　我国是全球最大的制造业国家，随着芯片产业链的突破，已成为全球唯一拥有全部工业门类的国家。党的二十大报告中指出"建设现代化产业体系。坚持把发展经济的着力点放在实体经济上，推进新型工业化，加快建设制造强国、质量强国、航天强国、交通强国、网络强国、数字中国"。在建设制造强国的指导方针下，为了更好地服务于工业设计领域，培养具有工业设计师岗位"手绘"核心能力的人才，我们根据数年的教学及参加省级教学能力竞赛的经验积累，融合区域产业企业项目，编写了此教材。

　　2018 年我们出版了《产品手绘效果图技法》教材，2020 年在浙江省在线开放平台建设并运行"产品手绘效果图技法"在线开放课程，2023 年获得浙江省高等学校精品在线开放课程认定。经过用人单位调研和教学者、学习者的反馈，我们发现传统教材在使用过程中存在三大痛点：教学资源与混合式教学不匹配、教学内容与实际工作相脱节、手绘技能模块逻辑混乱。于是，我们重新梳理了混合式教学逻辑和产品手绘教学内容，结合数字手绘新技术和行业产业对就业人员的新要求，从手绘技法和工具迭代的角度，将原教材进行改编，升级为具有活页式编写理念的新形态教材。

　　本书紧扣轻工产品行业，围绕工业设计师岗位工作任务，创设工作任务单式学习情景，将产品手绘效果图技法的知识——线条、透视、结构、光影材质、构图五部分内容揉碎，融入具体的产业项目。学生通过项目由浅入深地学习，能够掌握上述五部分手绘理论知识，以及手绘工具——铅笔、马克笔、数位板的三大实践技能。课程内容重构为三大模块、十二个项目、五十六个任务，并配有多个微课视频。项目以工作任务的难易程度不同分为四种任务类型。初阶任务安排在课前预习，配合在线课程，在课端进行翻转教学；中阶任务是学生必须掌握的重点知识技能；高阶任务较有难度，两项任务需要教师在课堂中重点突破；在"高阶性、创造性、挑战度"的指导思想下，本书设计了拓展任务，来满足个性化学习要求。初阶、中阶、高阶任务配有步骤图和技法示范视频，拓展任务配有技能示范视频。每个任务配有评价表，针对不同的任务，借鉴李克特量表设计"你学会了吗？""你掌握得如何？"任务评价量表，来检查学生的掌握程度，进而提升学习效果。本书可配合混合式教学，展开线上课前预习、课后拓展，线下课堂翻转互动，以形成性评价和总结性评价鉴定学生的掌握程度，为后续的专业学习提供造型表现技能储备，为设计师岗位核心能力练就创意表现技术，培养学生耐心细致、严谨科学的工匠精神和职业素养。

  本书可作为工业设计专业、产品设计专业教材，也可作为设计相关从业者的参考书。

  本书所用到的工具主要有：399黑色彩铅；黑色勾线笔；白色高光笔；灰色马克笔（CG268、CG269、CG270、CG271、CG272、CG273、CG274）；彩色马克笔（红色系YR213、YR214、P215、P140，蓝色系B240、B241、B242、B243，黄色系Y224、Y225、Y226、Y5）。本书所用到的纸张为A4复印纸。数字手绘工具推荐数位板（高漫），软件为Autodesk SketchBook 2018，Pad端、手机端、PC端三端可以互换。

  本书由薛丹丹（浙江工贸职业技术学院）、郑莉珍（浙江工贸职业技术学院）和周若男（浙江工贸职业技术学院）任主编，徐贤铁（温州洛尚工业设计有限公司）、薛博匀（温州市瓯海职业中专）参与编写。具体编写分工：薛丹丹负责全书整体编排、评价指标设置和视频拍摄，郑莉珍和周若男负责全书中阶任务编写。薛博匀负责初阶任务编写，为本书中高职一体教材的内容编排做了充分的衔接工作。温州洛尚工业设计有限公司责任人徐贤铁负责产品案例的编写，推进了本书校企双元制项目的合作进展。本书在编写过程中得到了浙江工贸职业技术学院领导的大力支持，以及青年教师吴青、王瑞之、刘剑的帮助。书中引用了黄山手绘和冯阳先生主编《设计透视》一书中的案例和图片，以及一些国内外专家的经典手绘作品，在此向这些专家表示诚挚的谢意！此外，北京理工大学出版社编辑对本书的编写给予了极大的支持与帮助，在此向他们表示真诚的感谢！

  由于编者水平有限，书中难免存在疏漏与不妥之处，敬请广大读者批评指正！

编 者

资 源 清 单 索 引

模块一 形体结构			
素材包：模块一 形体结构——三维模型	1		
项目一 几何体产品绘制			
课件：几何体产品绘制	4	视频：凳子平面图绘制	21
视频：直线的绘制	5	视频：凳子一点透视绘制	21
微课：产品的线条类型	8	视频：凳子45°视角俯视角度绘制	22
视频：产品线条图绘制	10	素材：凳子三维模型	22
微课：透视原理	12	视频：凳子45°视角仰视角度绘制	23
视频：一点透视画法	12	视频：椅子的多角度表现	26
视频：两点透视画法	15	素材：椅子三维模型	26
视频：45°立方体及平移画法	19		
项目二 组合体产品绘制			
课件：组合产品绘制	28	视频：机器狗平面图绘制	36
视频：圆和透视圆及圆柱体画法	29	视频：机器狗左后角度绘制	36
视频：圆柱穿插及吹风机绘制	34	视频：机器狗右后角度绘制	36
素材：吹风机三维模型	34	素材：机器狗三维模型	36
项目三 倒角体产品绘制			
课件：倒角体产品绘制	39	视频：复印机仰视角度绘制	45
微课：一次倒角的绘制	40	视频：复印机细节绘制	45
视频：R角绘制	43	素材：复印机三维模型	46
视频：复印机平面图绘制	45	视频：老年手机翻开角度绘制	48
视频：复印机45°立体图绘制	45	视频：老年手机微角度绘制	49
视频：复印机背面角度绘制	45	视频：老年手机背面角度绘制	50
视频：复印机一点透视绘制	45	视频：电子产品多角度表现	52
项目四 曲面体产品绘制			
课件：曲面体产品绘制	53	视频：鼠标角度4绘制	68
视频：简单曲线透视	56	视频：桌子平面图绘制	69
视频：复杂曲线透视	56	视频：桌子45°俯视角度绘制	69
视频：多功能纸巾架绘制	58	视频：桌子45°仰视角度绘制	69
素材：多功能纸巾架三维模型	58	素材：桌子三维模型	70
视频：手持吸尘器平面图绘制	61	视频：剃须刀平面图绘制	70
素材：手持吸尘器三维模型	61	视频：剃须刀角度1绘制	70
视频：手持吸尘器角度1绘制	62	视频：剃须刀角度2绘制	70
视频：手持吸尘器角度2绘制	64	视频：剃须刀角度3绘制	70
视频：手持吸尘器角度3绘制	64	视频：往复式剃须刀细节绘制	70
视频：轨道线和横截剖面组合	64	素材：角磨机三维模型	71
视频：挖孔部位的难点解决	64	视频：角磨机俯视角度1绘制	71
视频：鼠标角度1绘制	65	视频：角磨机仰视角度绘制	71
素材：鼠标三维模型	66	视频：角磨机俯视角度2绘制	71
视频：鼠标角度2绘制	68	视频：角磨机细节绘制	71
视频：鼠标角度3绘制	68		
模块二 光影材质			
项目五 塑料产品绘制			
课件：塑料产品绘制	76	视频：立方体明暗马克笔绘制	79
微课：光影	77	视频：饮水机马克笔绘制	81

视频：饮水机线条图		81	视频：R 角闹钟线条图绘制		89
视频：米奇彩色马克笔绘制		83	视频：R 角闹钟马克笔绘制		89
素材：数据盒马克笔绘制		86	视频：音箱马马克笔绘制		91
	项目六	金属产品绘制			
课件：金属产品绘制		94	视频：摄像机线条图绘制		100
视频：金属圆柱体马克笔绘制		95	视频：摄像机马克笔绘制		100
视频：搅拌手柄马克笔绘制		97	视频：水龙头马克笔绘制		102
	项目七	木纹材质产品绘制			
课件：木纹材质产品绘制		105	视频：木沙发马克笔绘制		109
视频：木纹绘制		106	视频：木头提篮线条图绘制		112
视频：木块绘制		107	视频：木头提篮马克笔绘制		112
视频：木制沙发线条图绘制		109			
	项目八	透明材质产品绘制			
课件：透明材质产品绘制		114	素材：咖啡机图		121
视频：透叠绘制		115	视频：咖啡机平面图绘制		121
视频：插吸管玻璃杯绘制		116	视频：咖啡机平面图上色		121
视频：护目镜结构绘制		118	视频：咖啡机立体图绘制		121
视频：护目镜拓印法		118	视频：咖啡机立体图上色		121
视频：护目镜透明感绘制		118			
	模块三	数字表现			
素材包：SketchupBook 数字源文件		123	素材包：模块三 数字表现——数字源文件		123
	项目九	蓝牙音箱绘制			
课件：蓝牙音箱绘制		126	素材：蓝牙音箱源文件		133
视频：数位板和 SketchBook 软件介绍		128	素材：纤维材质		134
视频：立方体数字手绘		129	素材：蓝牙音箱最终效果源文件		135
视频：立方体源文件		129	视频：蓝牙音箱平面图绘制		135
视频：蓝牙音箱线条图绘制		131	视频：蓝牙音箱角度绘制		135
视频：蓝牙音箱材质绘制		133			
	项目十	电推剪绘制			
课件：电推剪绘制		138	视频：电推剪创新表现		143
视频：电推剪线条图绘制		139	素材：电推剪创新源文件		144
视频：电推剪光影表现		140	视频：电推剪平面图表现		147
素材：电推剪源文件		140	素材：电推剪平面图源文件		147
	项目十一	太阳眼镜绘制			
课件：太阳眼镜绘制		149	素材：创新太阳眼镜源文件		158
视频：太阳眼镜侧视图线条绘制		150	图片：AI 创新太阳眼镜		158
视频：太阳眼镜侧视图上色		152	视频：太阳眼镜创新线条图表现		158
视频：太阳眼镜侧视图源文件		152	视频：太阳眼镜侧视图创新上色		158
素材：太阳眼镜正视图源文件		155	视频：太阳眼镜正视图创新散射		158
视频：太阳眼镜正视图绘制		155			
	项目十二	运动鞋绘制			
课件：运动鞋绘制		160	视频：运动鞋创新表现		166
视频：运动鞋线条图绘制		162	素材：运动鞋创新源文件		166
视频：运动鞋光影表现		164	素材：AI 创新运动鞋图片		166
素材：运动鞋原创源文件		164			

目 录
CONTENTS

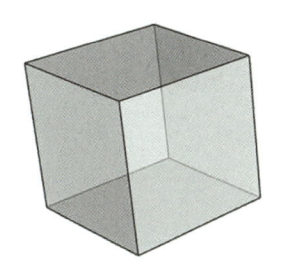

模块一　形体结构

项目一　几何体产品绘制

项目分析 // 3

初阶任务 // 5

　　任务一　直线的绘制 // 5

　　任务二　产品线条图绘制 // 8

中阶任务 // 12

　　任务三　立方体透视绘制 // 12

高阶任务 // 20

　　任务四　凳子的多角度线条图表现 // 20

拓展任务 // 26

　　任务五　椅子的多角度表现 // 26

项目二　组合体产品绘制

项目分析 // 27

初阶任务 // 29

　　任务一　圆与透视圆的画法 // 29

中阶任务 // 30

　　任务二　圆柱体的画法 // 30

高阶任务 // 34

　　任务三　吹风机绘制 // 34

拓展任务 // 36

　　任务四　机器狗多角度表现 // 36

项目三　倒角体产品绘制

项目分析 // 38

初阶任务 // 40

　　任务一　一次倒角的绘制 // 40

　　任务二　R角的绘制 // 43

中阶任务 // 45

　　任务三　复印机绘制 // 45

高阶任务 // 47

　　任务四　老年手机多角度绘制 // 47

拓展任务 // 52

　　任务五　电子产品多角度表现 // 52

项目四　曲面体产品绘制

项目分析 // 53

初阶任务 // 55

　　任务一　曲线绘制 // 55

　　任务二　曲线透视绘制 // 56

中阶任务 // 58

　　任务三　多功能纸巾架绘制 // 58

高阶任务 // 60

　　任务四　手持吸尘器多角度绘制 // 60

　　任务五　鼠标多角度绘制 // 65

拓展任务 // 69

　　任务六　桌子多角度表现 // 69

　　任务七　往复式剃须刀多角度表现 // 70

　　任务八　角磨机多角度表现 // 71

模块二　光影材质

项目五　塑料产品绘制

项目分析 // 75

初阶任务 // 77

　　任务一　立方体明暗五调子绘制 // 77

中阶任务 // 81
    任务二　饮水机绘制 // 81
    任务三　米奇造型绘制 // 83
高阶任务 // 86
    任务四　数据盒绘制 // 86
    任务五　R角体闹钟绘制 // 88
拓展任务 // 91
    任务六　音箱马绘制 // 91

项目六　金属产品绘制

项目分析 // 93
初阶任务 // 95
    任务一　金属圆柱体绘制 // 95
中阶任务 // 97
    任务二　搅拌机手柄绘制 // 97
高阶任务 // 99
    任务三　摄像机绘制 // 99
拓展任务 // 102
    任务四　水龙头绘制 // 102

项目七　木纹材质产品绘制

项目分析 // 104
初阶任务 // 106
    任务一　木纹绘制 // 106
中阶任务 // 107
    任务二　木块绘制 // 107
高阶任务 // 109
    任务三　木制沙发绘制 // 109
拓展任务 // 112
    任务四　木头提篮绘制 // 112

项目八　透明材质产品绘制

项目分析 // 113
初阶任务 // 115
    任务一　透明材质透叠绘制 // 115
中阶任务 // 116
    任务二　插吸管玻璃杯绘制 // 116
高阶任务 // 118
    任务三　护目镜透明材质绘制 // 118
拓展任务 // 121
    任务四　咖啡机的绘制 // 121

模块三　数字表现

项目九　蓝牙音箱绘制

项目分析 // 125

初阶任务 // 127
    任务一　45°立方体绘制 // 127
中阶任务 // 131
    任务二　蓝牙音箱线条图绘制 // 131
高阶任务 // 133
    任务三　蓝牙音箱明暗绘制 // 133
拓展任务 // 135
    任务四　蓝牙音箱多角度表现 // 135

项目十　电推剪绘制

项目分析 // 137
初阶任务 // 139
    任务一　电推剪线条图绘制 // 139
中阶任务 // 140
    任务二　电推剪光影绘制 // 140
高阶任务 // 143
    任务三　电推剪创新表现 // 143
拓展任务 // 146
    任务四　电推剪平面图绘制 // 146

项目十一　太阳眼镜绘制

项目分析 // 148
初阶任务 // 150
    任务一　太阳眼镜侧视图线条绘制 // 150
中阶任务 // 152
    任务二　太阳眼镜材质光影绘制 // 152
高阶任务 // 155
    任务三　太阳眼镜正视图绘制 // 155
拓展任务 // 157
    任务四　太阳眼镜创新表现 // 157

项目十二　运动鞋绘制

项目分析 // 159
初阶任务 // 161
    任务一　认识运动鞋结构 // 161
中阶任务 // 162
    任务二　运动鞋线条绘制 // 162
高阶任务 // 164
    任务三　运动鞋明暗绘制 // 164
拓展任务 // 166
    任务四　运动鞋创新表现 // 166

参考文献 // 168

模块一　形体结构

素材包：模块一　形体结构——三维模型

项目一 几何体产品绘制

项目分析

几何体是产品最常见的形体，以柏拉图体为代表，如图1-1所示。正方体是产品设计最基础的造型，很多复杂的形体都是由方体形态演变过来的。例如，立方体可以切掉边成为多面体；可以切掉角成为切角体；挖掉局部可以衍生出多变的几何形体结构，如图1-2所示；对面进行曲折化，可以产生错综复杂的抽象几何形态，如图1-3所示。因此掌握好方体产品的绘制，是产品造型手绘的基础，同时也是后续技能的基础。本项目采用最常见的凳子作为方体类产品的典型代表。凳子有两个正方体构成，能迅速反映出一点、两点、三点直线透视的视觉特征，初学者较为容易掌握。绘制好这个产品，需要运用直线绘制技巧、透视知识、平面转立体的绘制技能。我们将从直线的绘制开始进行任务分解，通过微课学习透视知识，通过视频演示掌握平面和立体图的转换技巧。

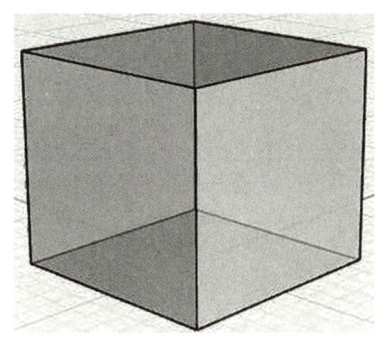

图1-1 立方体 　　　　图1-2 凳子 　　　　图1-3 椅子

学习目标

知识目标

认识产品线条的类型；理解透视原理；掌握透视方法和手绘线条图的步骤。

能力目标

会辨识产品线条类型；能绘制不同类型的直线；掌握变线的绘制方法；能绘制一点透视和两点透视下的方体类产品多角度的线条图。

素养目标

养成近大远小的透视习惯和科学严谨的绘图意识；培育精益求精的工匠精神。

任务清单

项目一 几何体产品绘制

学习阶段	任务细分	重难点	学习建议
初阶任务	任务一 直线的绘制 任务二 产品线条图绘制	两头轻中间重线条绘制技巧； 轮廓线、分型线、结构线、剖面线的区别	课前任务
中阶任务	任务三 立方体透视绘制	变线、真高线； 一点透视； 两点透视； 45°立方体透视； 立方体的多角度转换	课中任务
高阶任务	任务四 凳子的多角度线条图表现	方体空间转换、构图	
拓展任务	任务五 椅子的多角度表现	方体透视结构运用	课后任务

课件：几何体产品绘制

》 初阶任务 《

任务一　直线的绘制

■ **工具准备**

A4 纸张、399 黑色彩铅。

■ **任务分析**

直线有三种不同的绘制技巧，分别为两头轻中间重的直线、起点重的直线、轻重较平均的线条。其中，两头轻中间重的直线是产品手绘效果图最常用的手绘技巧。一条直线需要点来确定方向和长度。当意识到线条的发展方向，我们应该在发展方向预设一个点，然后通过这个点来引导线条的走向。以出发点和到达点为线条在空间中的两个端点，本任务设计两种放射性网格，帮助我们练习两点连线，达到眼手脑的高度统一，快速掌握该线条的绘制技巧。

■ **任务实施**

一、两头轻中间重的直线画法

步骤一：用 399 黑色彩铅在纸张点出任意两点，即 A 点和 B 点。

步骤二：眼睛从 A 点平缓移动到 B 点，手臂带动手腕和笔尖，同时在 A 点上方往 B 点做肌肉记忆数次。

步骤三：当心中有了一定的预判空间和时间时，从 A 点上方偏前一点的位置轻触纸张快速平稳地穿过 A 点，同时眼睛看向 B 点，快速引导笔尖穿过 B 点（图 1-4）。

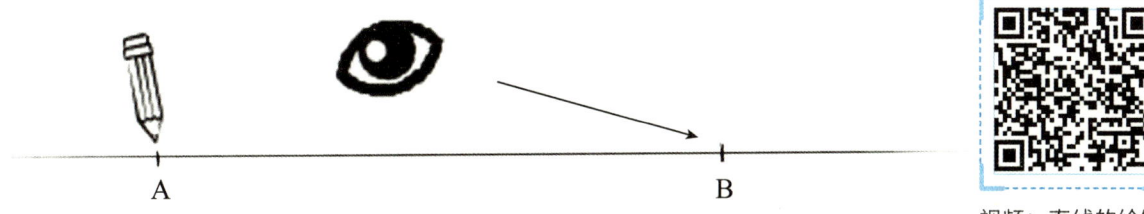

图 1-4　两头轻中间重的直线眼手脑配合示意图

视频：直线的绘制

二、一点放射状网格

步骤一：用 399 黑色彩铅在纸张的下端绘制两头轻中间重的水平线，并分出平分点；在纸张的上方确定一个顶点，可以是垂直的点（图 1-5）。

步骤二：通过连接直线上的平分点到顶点，做快速连线练习（图 1-6）。

步骤三：做水平线分割快速直线练习（图 1-7）。

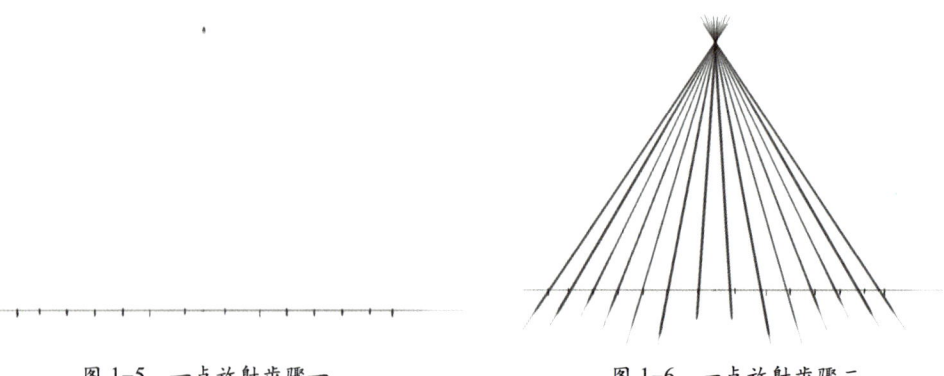

图 1-5　一点放射步骤一

图 1-6　一点放射步骤二

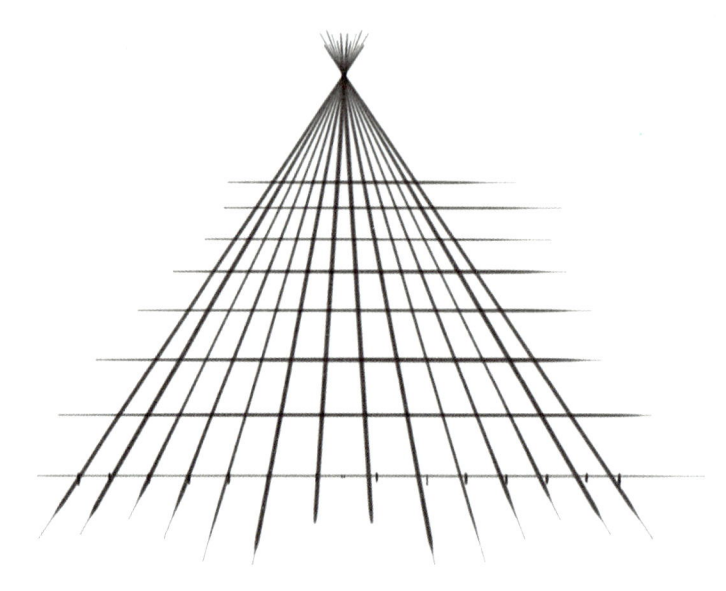

图 1-7　一点放射步骤三

三、两点放射状网格

步骤一：用399黑色彩铅在纸张的上端绘制两头轻中间重的水平线，在两端设置端点，在中间绘制垂直线（图1-8）。

步骤二：通过垂直线上的平分点到两边顶点做快速直线分割练习（图1-9）。

步骤三：做垂直线的平行线分割练习（图1-10）。

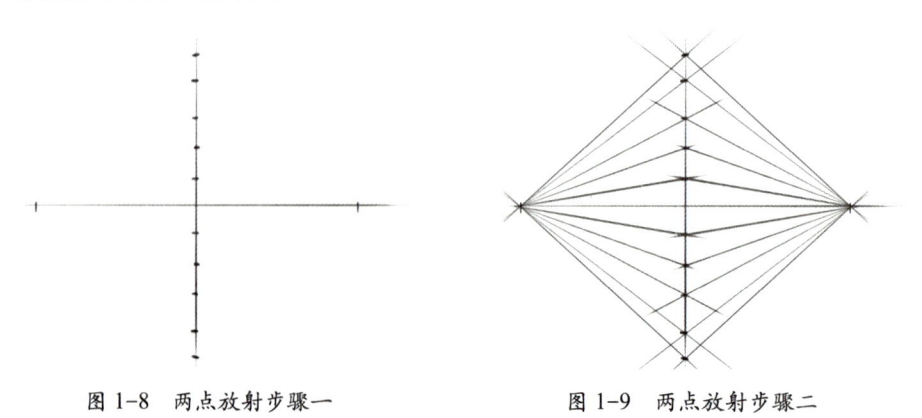

图 1-8　两点放射步骤一

图 1-9　两点放射步骤二

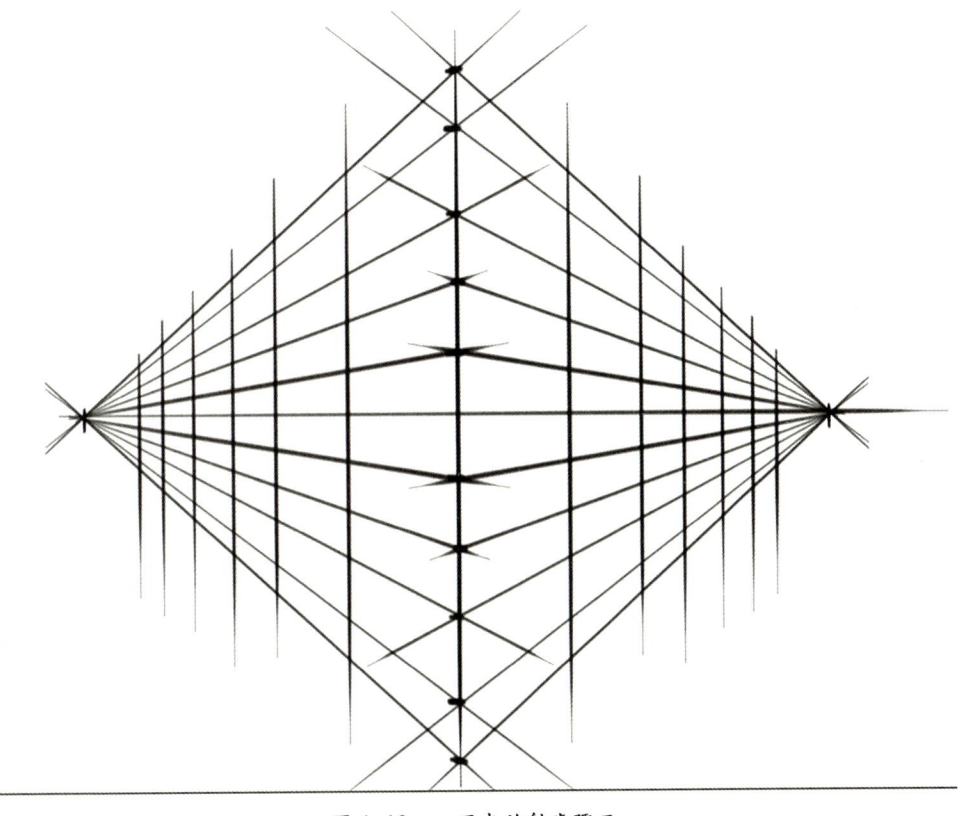

图 1-10　两点放射步骤三

■ 你学会了吗？

请用下面的评价表来评一评吧，获得的星星越多，表示你掌握得越好，不足的地方可以看技巧梳理，通过技巧的提示可以更好地掌握绘制的秘诀，多练习，才有提升。

	具体要求	评价标准				技巧梳理
		完成情况（请对照具体要求，在符合情况的框内打"√"，单选）				
1	线条是否穿过点	全部穿过点	漏了几个点	有一半没穿过点	完全没穿过点	1.意在笔先，笔未到，意先到；2.线条尽可能画长一点
		☆☆☆☆□	☆☆☆□	☆☆□	☆□	
2	直线是否两头轻，没有重头	每一根线条都是两头轻中间重，没有重头	有几根线条出现了重头	有一半线条都是重头	很难做到两头轻中间重	
		☆☆☆☆□	☆☆☆□	☆☆□	☆□	
3	格子划分是否均匀	每一个格子均匀且整齐	有几个格子不均匀或歪了	有一半格子是不整齐的	格子歪歪扭扭，很难均匀	绘制线条时，手腕手臂一起动，并做肌肉记忆
		☆☆☆☆□	☆☆☆□	☆☆□	☆□	
4	直线是否笔直	每一根线条都是笔直的	有几根线条并在一起或斜了	有一半的线条是不直的	线条断断续续且不直	
		☆☆☆☆□	☆☆☆□	☆☆□	☆□	

7

任务二　产品线条图绘制

■ 工具准备

A4纸张、0.25签字笔、0.5签字笔、双头勾线笔。

■ 任务分析

假如文字、句子是构成文章的语言，那么线条就是构成产品形体的基本语言要素。线条包含方向、长短、曲直、粗细、虚实等表情特征，它的粗细能够凸显产品形体某一部分的重要程度，它的相交决定了产品造型的结构面及尺度比例，它的曲直影响产品给人的意象。产品形体与结构中的主要线条类型有轮廓线、结构线、分型线、剖面线四种。它们在产品线条图的表达中有不用的作用和视觉表现。掌握好它们的属性、特征及表现，就可以准确反映出产品的造型特征。本任务将从两个方面进行讲解，首先理解线条的类型及其表现，然后通过一个案例具体实施线条的应用。

微课：产品的线条类型

■ 任务实施

一、产品的线条类型

（1）轮廓线。轮廓线是物体最外围的线条，是物体和周围环境的分界线，在产品线条图的表现上最粗、最明显。轮廓线的最大特征是有背面。一般立方体的轮廓线很好理解（图1-11），但是图1-12所示的台阶，在其左侧后方台阶上，水平面向垂直面转折的轮廓线，因处在下一个台阶的水平面背景中，容易被遗漏，值得注意。

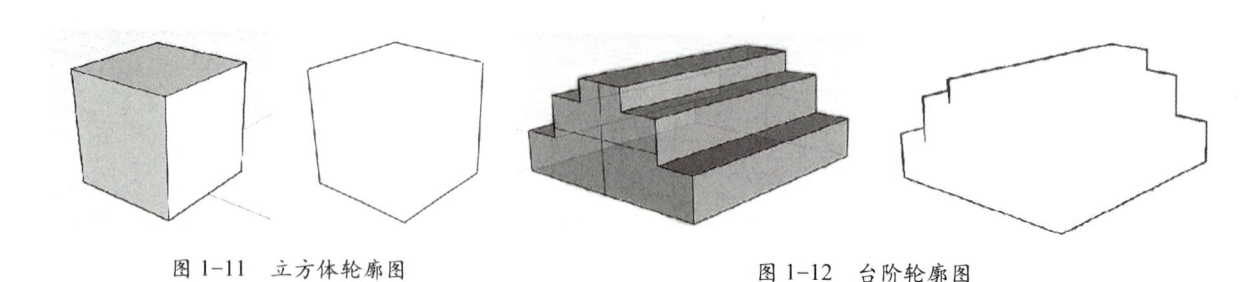

图1-11　立方体轮廓图　　　　图1-12　台阶轮廓图

（2）结构线。结构线是产品形体上面与面的转折分界线，也是由面到面的过渡交接构成的。立方体中的棱边最具有结构线特征（图1-13）。圆角体的棱边是圆角，因此一条结构线被拆分为两条圆角结构线（图1-14）。一般结构线粗细均匀，但当从尖锐剖面过渡到顺滑剖面时，如图1-15所示的底端尖角上升到圆柱的弧形面，结构线走到形体的一半消失了，线也从粗往细发展，最后没有了，这样的结构线我们称为消失线。消失线在曲面形体中最为常见，能够塑造渐消面。

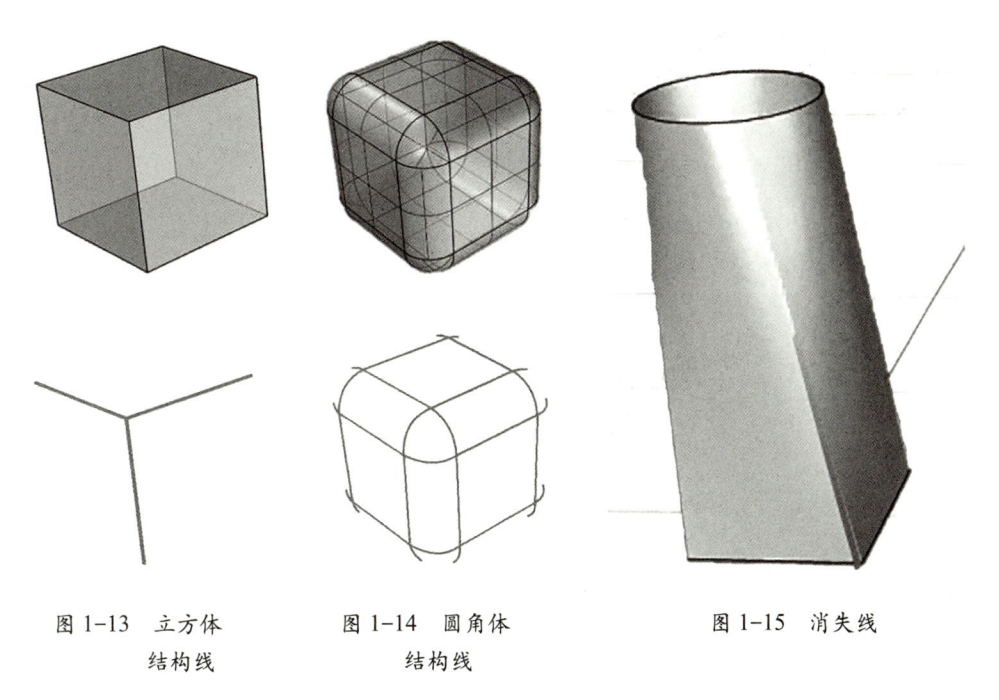

图 1-13　立方体　　　　图 1-14　圆角体　　　　图 1-15　消失线
　　　　结构线　　　　　　　　　结构线

（3）分型线。分型线是指因工业产品生产拆件的需要，壳料之间拼接所产生的缝隙线。以图1-16所示的吹风机为例，风筒由蓝灰色壳体和白色壳体构成，它们之间就构成了分型线。风筒和集风嘴又是不同的部件，也有分型线。在把手部位，连接处可弯折结构也是一个分型关系，最后连接电源线的软胶和把手尾端又形成了分型关系。

图 1-16　吹风机外壳上的分型线

（4）剖面线。剖面线是表达产品面的起伏、转折变化的视觉线条，它并不真实存在于产品表面，是为了更好地说明设计的形体特征而出现于手绘效果图的手绘线条。图1-17所示立方体的左侧面是凹的特征，右侧面是凸出的特征，如果没有线条去说明，就很难得到凹凸的感觉，因此加上两条剖面线可以表达出立方体两个面的特征关系。剖面线有三个特征：第一，假想将产品切开形成的断面线；第二，加在产品的中心位置；第三，加在形体变化关键的位置。

9

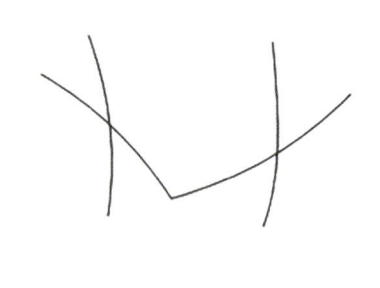

图 1-17 表现立方体凹凸面的剖面线

（5）四种线条的表达情景。每一种类型的线条表达的功能不同，粗细轻重也就不同。在线稿绘制中区别对待每一种线条，能够正确表达设计意图。其中轮廓线最粗，分型线次之，结构线明确但比分型线要轻一些，剖面线最轻最细（图 1-18）。

轮廓线　分型线　结构线　剖面线

图 1-18 产品手绘四种线条的粗细关系

二、产品线条图绘制

仔细观察产品图片，分清楚四种线条的类型；按照线条的四种类型特征，完成对该产品的线条的粗细表达。

步骤一：找出轮廓线、分型线、结构线、剖面线的位置（图 1-19）。

步骤二：用0.5签字笔画出结构线，表达出基础的造型比例及形体特征，要先把分型关系用结构线条梳理出来（图 1-20）。

步骤三：用双头勾线笔的细头画出分型线（图 1-21）。

步骤四：用双头勾线笔的粗头画出轮廓线（图 1-22）。

步骤五：用0.25签字笔画出剖面线，注意面的凹凸关系，以及在转折的地方停顿一下（图 1-23）。

视频：产品线条图绘制

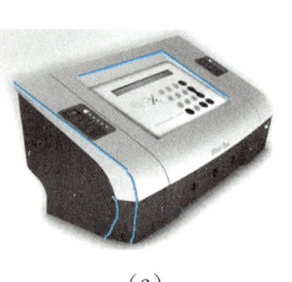

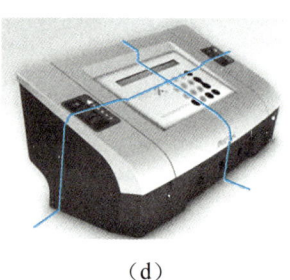

（a）　　　（b）　　　（c）　　　（d）

图 1-19 产品上四种线条的位置
（a）轮廓线；（b）分型线；（c）结构线；（d）剖面线

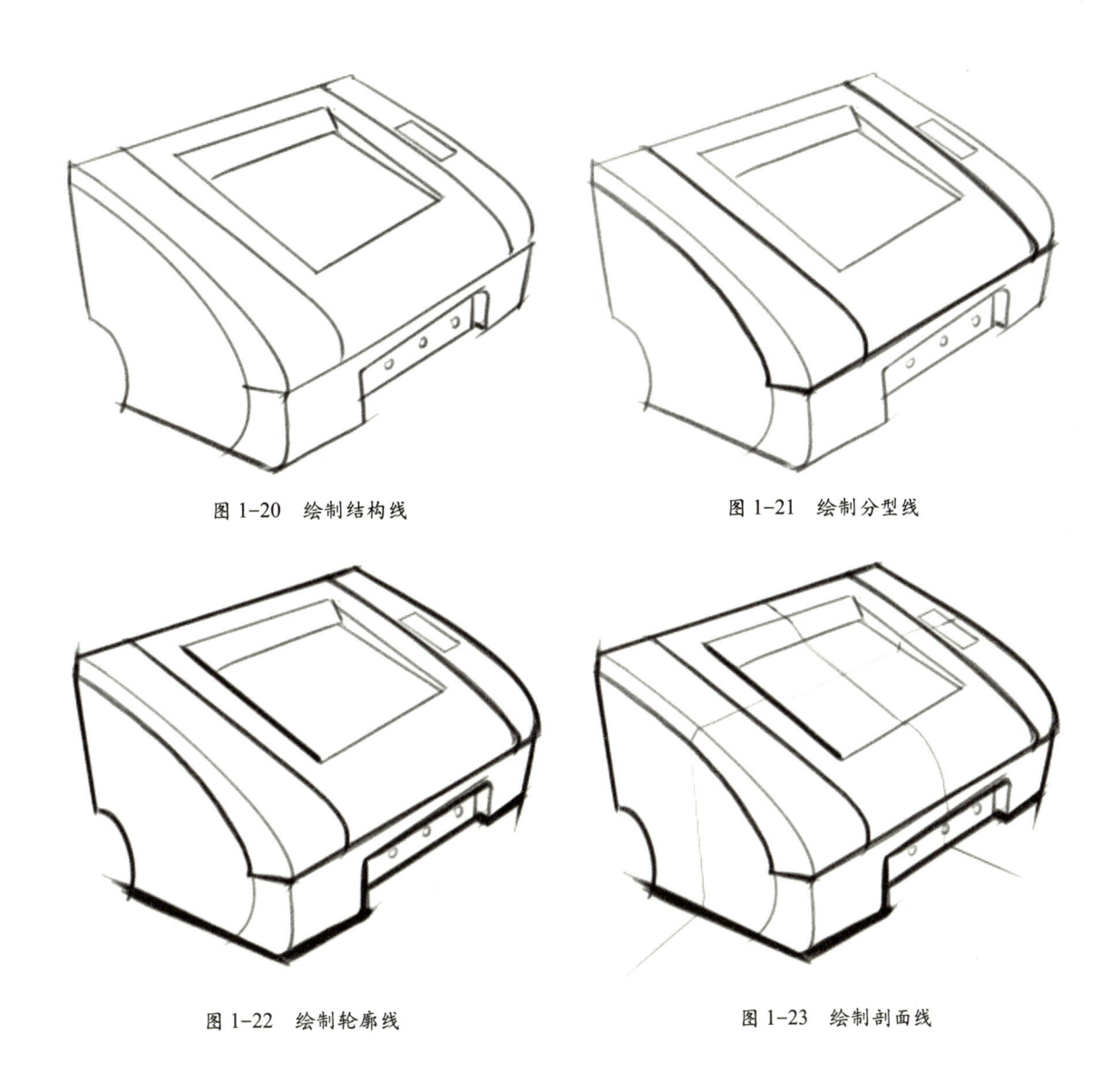

图 1-20　绘制结构线　　　　　　　　　　　　　图 1-21　绘制分型线

图 1-22　绘制轮廓线　　　　　　　　　　　　　图 1-23　绘制剖面线

■ 你学会了吗？

请用下面的评价表来评一评吧，获得的星星越多，表示你掌握得越好，不足的地方可以看技巧梳理，通过技巧的提示可以更好地掌握绘制的秘诀，多练习，才有提升。

具体要求	评价标准				技巧梳理
	完成情况（请对照具体要求，在符合情况的框内打"√"，单选）				
1　轮廓线	轮廓线位置正确且最粗，物体中间具有背面的轮廓线也表示出来了	轮廓线最粗，但物体中间具有背面的轮廓线没有表示出来	物体中间具有背面的轮廓线没有表示出来，且轮廓线不明显	轮廓线比结构线还细	轮廓线可以最后勾线，重新梳理一遍，不会遗漏
	☆☆☆☆□	☆☆☆□	☆☆□	☆□	
2　分型线	分型线位置正确，且第二粗，能表现出壳料的分型关系	分型线位置有两处不对，但能表现出壳料的分型关系	分型线位置有两处不对，壳料的分型关系表现模糊	分型线不够粗，不能表现出壳料的分型关系	分型线可以画两次，两条线重叠可以增加分型关系
	☆☆☆☆□	☆☆☆□	☆☆□	☆□	

11

续表

具体要求		评价标准				技巧梳理
		完成情况（请对照具体要求，在符合情况的框内打"√"，单选）				
3	结构线	结构线明朗，较分型线细一些、淡一些，能表现产品的结构特征	结构线明朗，但轻重和分型线或剖面线分不清，能表现产品的结构特征	结构线和其他线条类型粗细没有区别，结构特征表达模糊	结构线和其他线条类型粗细没有区别，且遗漏部分结构线，不能表达产品结构特征	在区分线条类型之前，首先要看清产品面的转折关系，尤其注意消失线
		☆☆☆☆□	☆☆☆□	☆☆□	☆□	
4	剖面线	剖面线最细，沿着结构的凹凸起伏，且在物体的中心位置	剖面线大部分最细，基本沿着结构的凹凸起伏，有些偏离物体的中心位置	剖面线大部分最细，未沿着结构的凹凸起伏或偏离物体的中心位置	剖面线很粗很重，未沿着结构的凹凸起伏，且不在物体的中心位置	在面的交界处中心位置先定点，再连接剖面线
		☆☆☆☆□	☆☆☆□	☆☆□	☆□	
5	线条表现	线条光滑、流畅	线条流畅但是由很多条线组成的	线条有接口、不流畅	线条不连贯	线条画长一点，直线可以用直尺辅助
		☆☆☆☆□	☆☆☆□	☆☆□	☆□	

》 中阶任务 《

任务三 立方体透视绘制

子任务一 立方体一点透视绘制

■ **工具准备**

A4 纸张、399 黑色彩铅。

■ **任务分析**

以长方体为例，它包含长、宽、高三组主要方向的轮廓线。一般情况下，在透视图中每一组相互平行的轮廓线都将交汇到各自方向的消失点上；只有与画面平行的轮廓线组，在透视图中才没有消失点，因此对象与画面的关系决定着透视的关系。X 轴向和 Z 轴向的平行线称为真高线；Y 轴向的线称为变线，变线由于透视原理，表现在画面上时已经变短（图 1-24）。

微课：透视原理

视频：一点透视画法

12

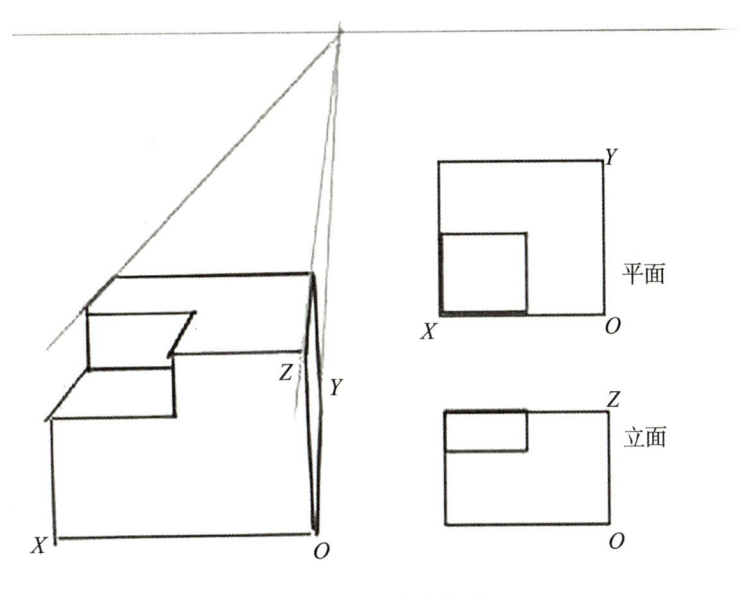

图 1-24 一点透视图

一点透视定义：两组轮廓线即 X 轴向和 Z 轴向的平行线与画面平行，只有一组轮廓线——Y 轴向的平行线与画面垂直，与画面垂直的线会有一个消失点，这种情况称为平行透视，习惯上也称作一点透视。

立方体由于所有棱边相等，能较好地反映变线的特征，所以学好立方体的透视具有非常重要的意义。立方体的正面与画面平行，且与画面垂直的四条棱边分别消失于一点，称为一点透视；由于立方体的一组平面与画面平行，又称为平行透视。其中，一点透视立方体绘制的难点是变线的确定。所谓变线，就是在透视过程中发生变形的线条。一般变线比真高线要短。真高线是与画面平行且最近的棱边，图 1-24 中 OX 和 OZ 就是真高线，它们所在的平面就是真高面；OY 则是会变短的变线。当我们的视点比较高或特别低时，变线会稍长；视点过于水平，变线尤其短。这是由顶面左右的两个棱边的两个端点被视线压缩造成的。

■ **任务实施**

步骤一：在纸张上绘制一个正方形，上方绘制消失线，标出中心消失点、左右对称灭点（图 1-25）。

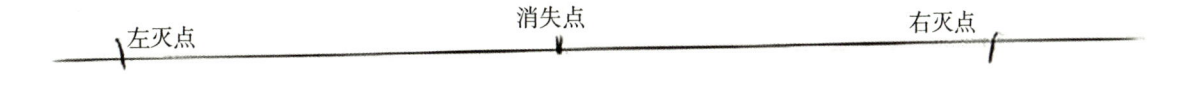

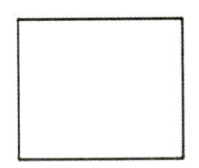

图 1-25 一点透视步骤一

步骤二：连接四个顶点到消失点，形成消失线，表示同时消失于一点（图 1-26）。

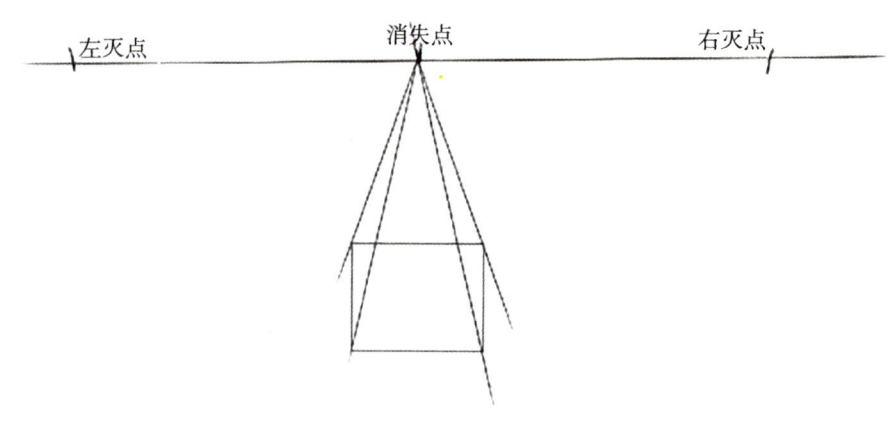

图 1-26 一点透视步骤二

步骤三：在底边右端点延长一个单位，标出 A 点，连接 A 点到左灭点，连线与消失线交点即为变线的长度点（图 1-27）。

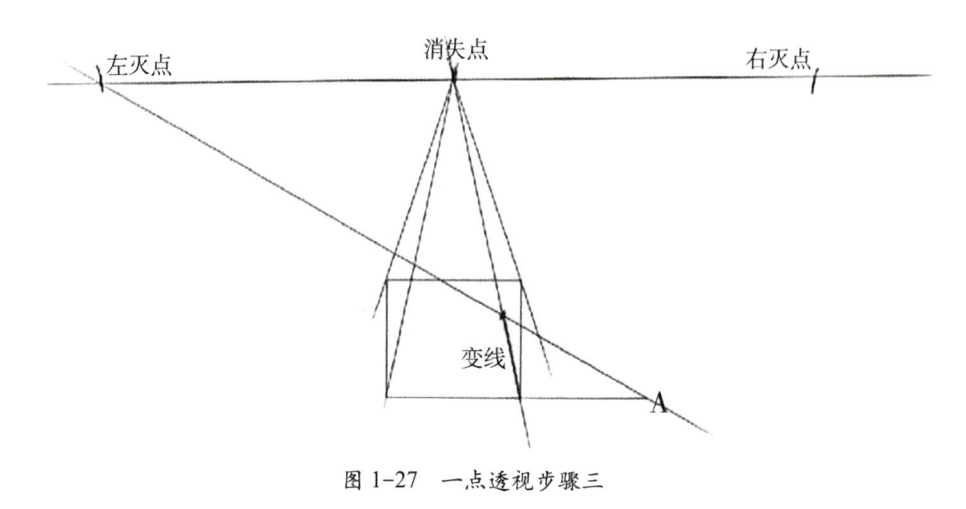

图 1-27 一点透视步骤三

步骤四：通过这个变线点画出与正面正方形平行的四条棱边，即一点透视立方体绘制完成（图 1-28）。

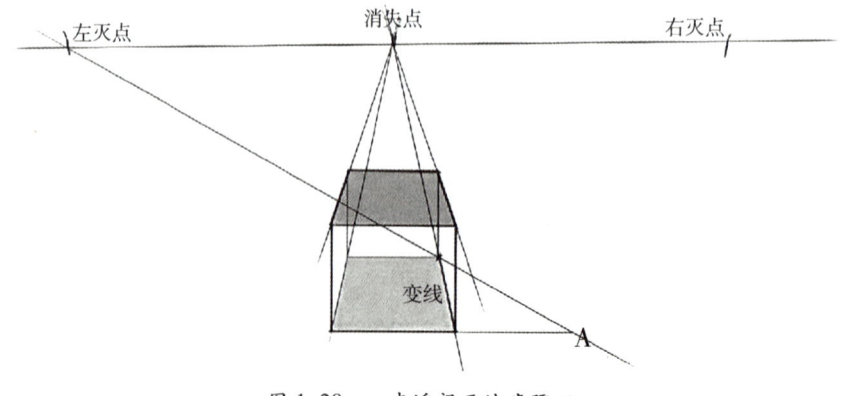

图 1-28 一点透视画法步骤四

你学会了吗？

请用下面的评价表来评一评吧，获得的星星越多，表示你掌握得越好，不足的地方可以看技巧梳理，通过技巧的提示可以更好地掌握绘制的秘诀，多练习，才有提升。

具体要求	评价标准 完成情况（请对照具体要求，在符合情况的框内打"√"，单选）				技巧梳理
1 透视	消失线全部消失于一个消失点；变线比真高线短；顶面比底面扁；立方体和画面平行	消失线全部消失于一个消失点；有一条变线比真高线长或等长；顶面没有底面扁；立方体和画面平行	部分消失线未能消失于同一个消失点；有一条变线比真高线长或等长；顶面没有底面扁；立方体看起来和画面不平行	有两个消失点；变线比真高线长；底面比顶面扁，立方体看起来和画面不平行	1.消失线（透视线）应用轻淡的线条绘制且要穿过端点，尽量长而直。 2.左右灭点可以设置为三个单位，越长，透视变形越明显。 3.变线一定小于真高线。 4.夹角越小，变线越短；夹角越大，变线越长。 5.线条画长一点，直线可以用直尺辅助
	☆☆☆☆□	☆☆☆□	☆☆□	☆□	
2 线条	连贯流畅；直线很直；准确穿过交点；两头轻中间重	基本连贯流畅；有部分直线不直；有两条直线未能准确穿过交点；两头轻中间重	大部分不连贯流畅；大部分直线不直；有两条直线未能准确穿过交点；两头轻中间重	不流畅，不直，穿过焦点不准确，线条有很多重头	
	☆☆☆☆□	☆☆☆□	☆☆□	☆□	

子任务二　45°立方体的画法

■ 工具准备

A4纸张、399黑色彩铅。

■ 任务分析

当在立方体长、宽、高三组方向的轮廓线中，只有一组与透视画面相平行，另外两组将遵循近大远小的透视原理分别交汇到两个不同方向的消失点上，这样的透视关系被称为成角透视。成角透视会产生两个消失点，因此又被称作两点透视。两点透视在产品展示中因展示的面比一点透视要多一个，所以是产品手绘表现使用最多的角度，是手绘必须掌握且灵活运用的技能点。

45°立方体是立方体两点透视的典型特征，当立方体与人眼的视角为45°时，立方体所呈现的两点透视最有规律，会呈现左右对称的美好形态，容易掌握。其余透视角度都可以在这个基础上进行拓展。

绘制立方体的两点透视的难点在于变线的确定。变线画太长或太短，都容易造成立方体比例不准而变形。因此画准变线是理解和画好两点透视的关键。立方体两点透视图中真高线是与画面平行且最近的棱边 OZ，图中 OX 和 OY 都与画面相交（图1-29），因此产生变形，即是变线，变线比真高线要短。一般而言，45°立方体变线为真高线的2/3至1，且不等于1（图1-30）。左右两端顶点对称，中间四个顶点在同一垂直线上。

视频：两点透视画法

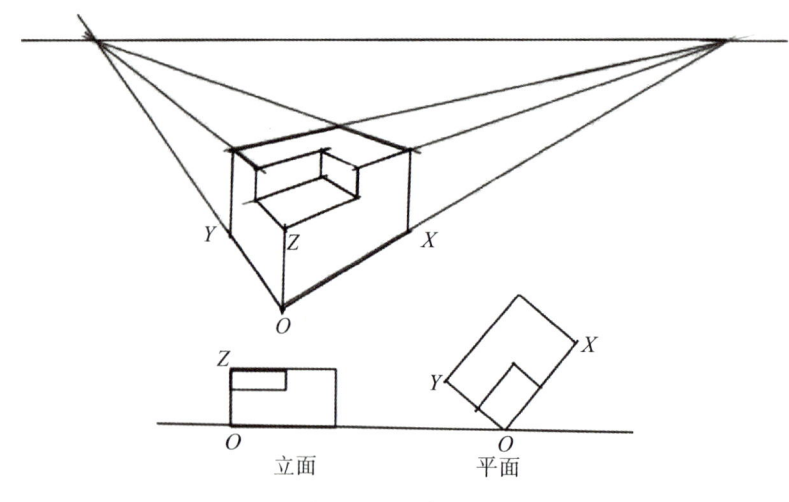

图 1-29 两点透视图

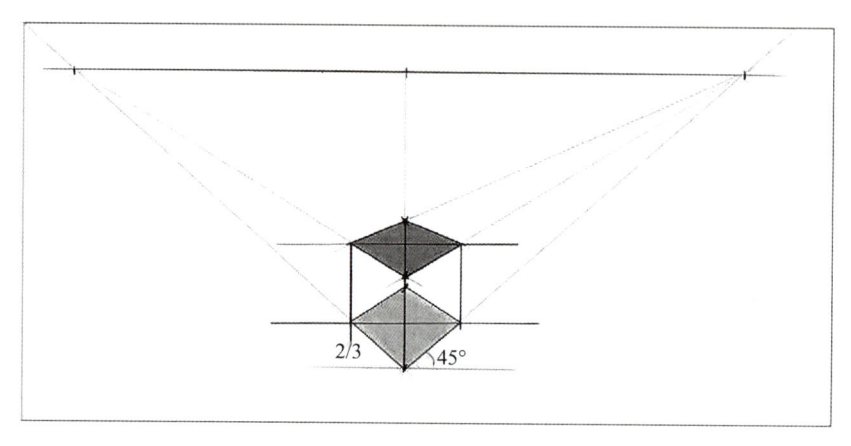

图 1-30 立方体 45°两点透视图

■ 任务实施

步骤一：作垂直线为真高线，上方绘制水平消失线，且标出中心点和左右对称消失点（图 1-31）。

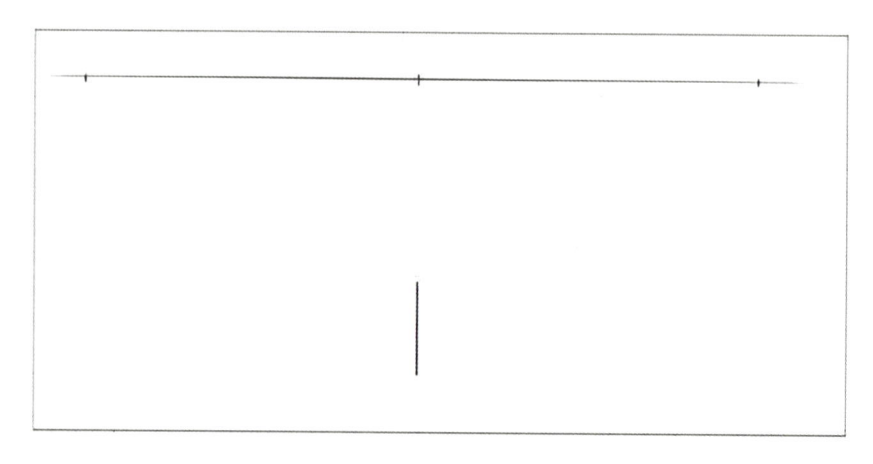

图 1-31 两点透视步骤一

步骤二：作真高线的左右两端透视关系，注意左右对称（图 1-32）。

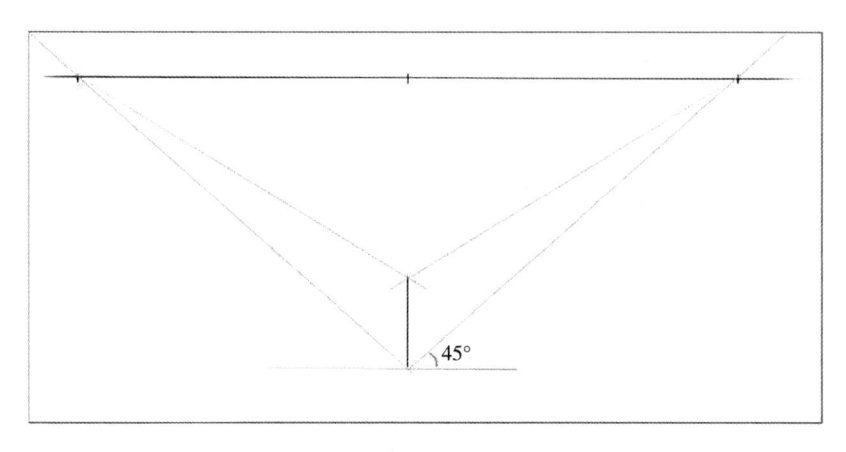

图 1-32　两点透视步骤二

步骤三：从真高线下顶点往消失点区真高线的 2/3 长度，即为变线的长度。再根据左右对称原则确定另一端变线长度（图 1-33）。

步骤四：通过变线顶点做垂直线，与上方消失线相交得到交点（图 1-34）。

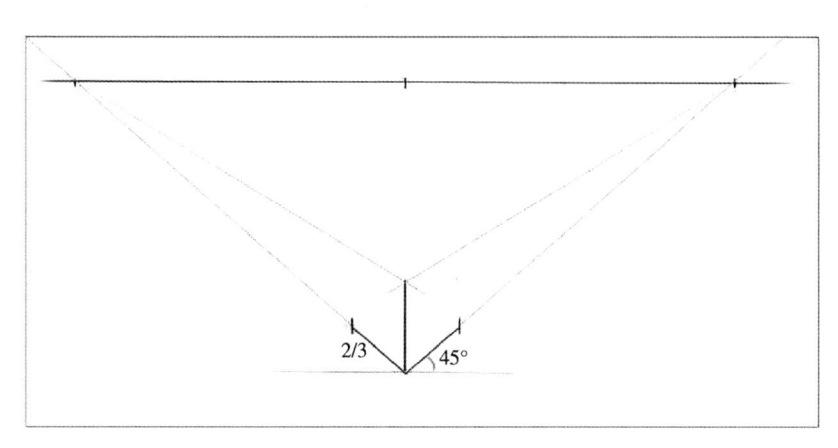

图 1-33　两点透视步骤三

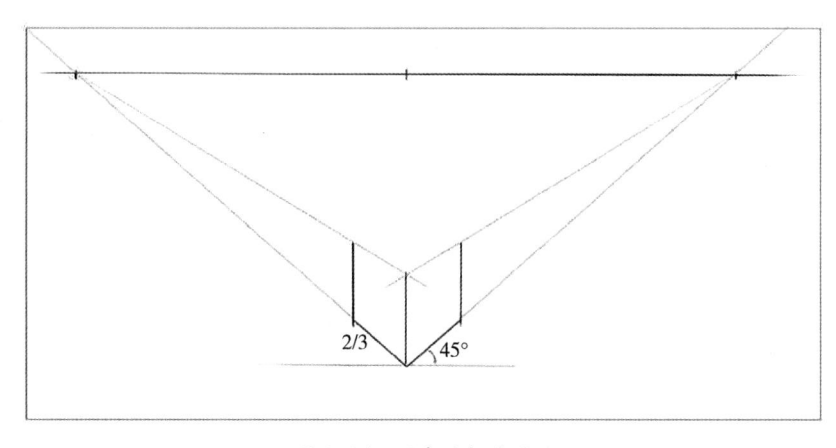

图 1-34　两点透视步骤四

步骤五：连接交点到对应的消失点，产生的连接线与真高线延长线交叉，得到的交点为顶点。底端顶点的画法相同（图 1-35）。

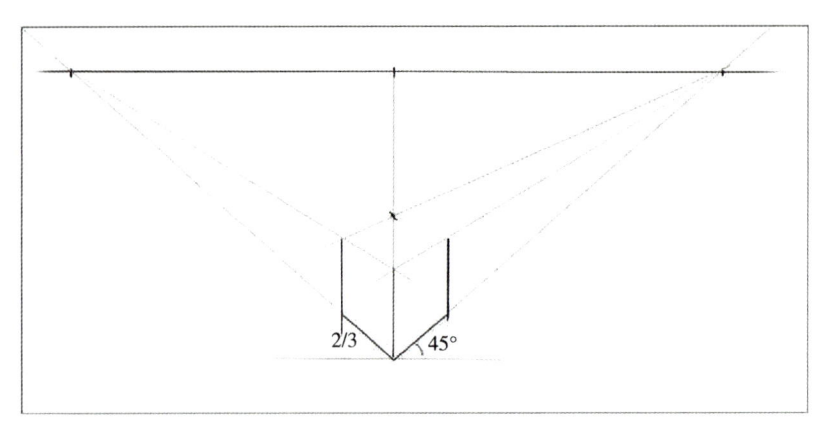

图 1-35 两点透视步骤五

步骤六：连接顶点，即 45°两点透视立方体完成（图 1-36）。

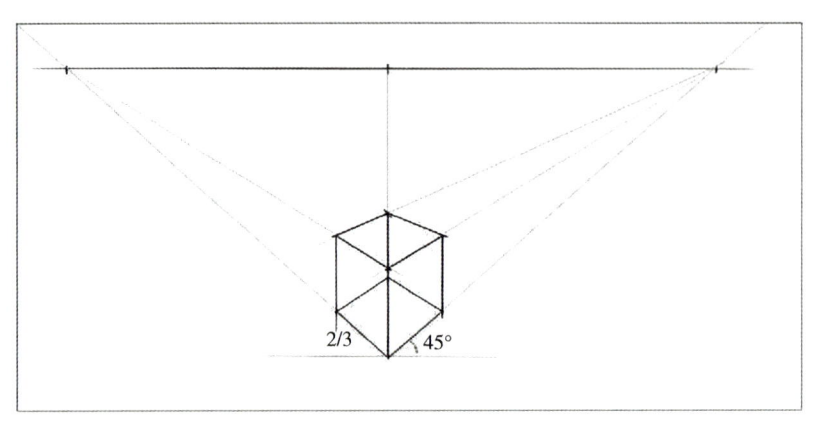

图 1-36 两点透视步骤六

你学会了吗？

请用下面的评价表来评一评吧，获得的星星越多，表示你掌握得越好，不足的地方可以看技巧梳理，通过技巧的提示可以更好地掌握绘制的秘诀，多练习，才有提升。

具体要求	评价标准 完成情况（请对照具体要求，在符合情况的框内打"√"，单选）				技巧梳理
1 透视	立方体左右两边以真高线为界左右对称；真高线最长；顶面比底面扁；真高线及其延长线上聚集了立方体的四个顶点	立方体左右两边以真高线为界左右不对称；真高线最长；顶面比底面扁；真高线及其延长线上聚集了立方体的四个顶点	立方体左右两边以真高线为界左右不对称；真高线未做到最长；顶面比底面扁；真高线及其延长线上聚集了立方体的四个顶点	立方体左右两边以真高线为界左右不对称；真高线未做到最长；顶面未能比底面扁；真高线及其延长线上未能聚集四个顶点	1. 线条要画直、画长。 2. 两个消失点往往在纸张画面之外，因此透视线趋于交叉，消失于画面之外。 3. 变线大约等于真高线的 2/3
	☆☆☆☆□	☆☆☆□	☆☆□	☆□	
2 线条	连贯流畅；直线很直；准确穿过交点；两头轻中间重	基本连贯流畅；有部分直线不直；有两条直线未能准确穿过交点；两头轻中间重	大部分不连贯流畅；大部分直线不直；有两条直线未能准确穿过交点；两头轻中间重	不流畅，不直，穿过焦点不准确，线条有很多重头	
	☆☆☆☆□	☆☆☆□	☆☆□	☆□	

子任务三　立方体的平移

工具准备

A4 纸张、399 黑色彩铅。

任务分析

立方体的平移在 45°立方体的基础上，注意左右两边面的大小变化，以及左右顶点的高低变化。当立方体向左平移时（图 1-37），右侧的面会多看到一些，视觉上变宽，右顶点向下移动；左侧面会被遮住，视觉上变窄，左侧顶点向上移动；反之则正好相反（图 1-38）。抓住这个特点，可以非常快速地绘制非 45°立方体的透视造型。值得注意的是，无论如何平移，只要还是两点透视，变线不能等于或大于真高线。

视频：45°立方体及平移画法

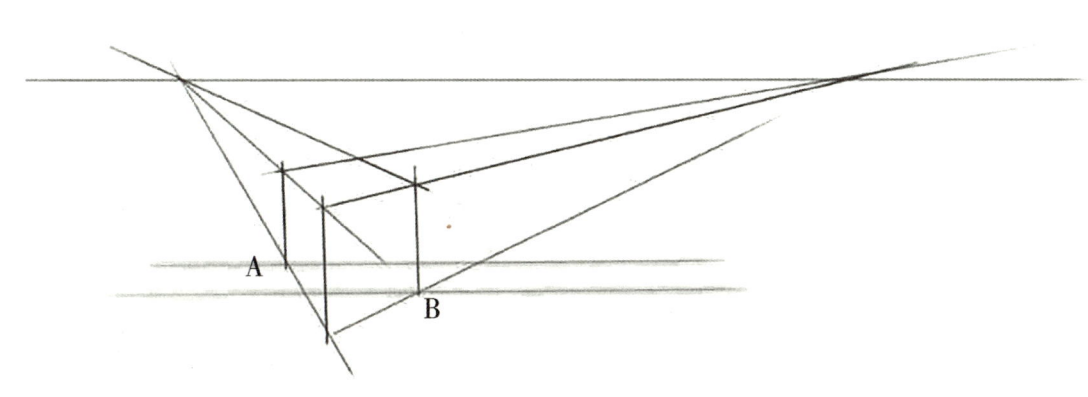

图 1-37　立方体向左平移

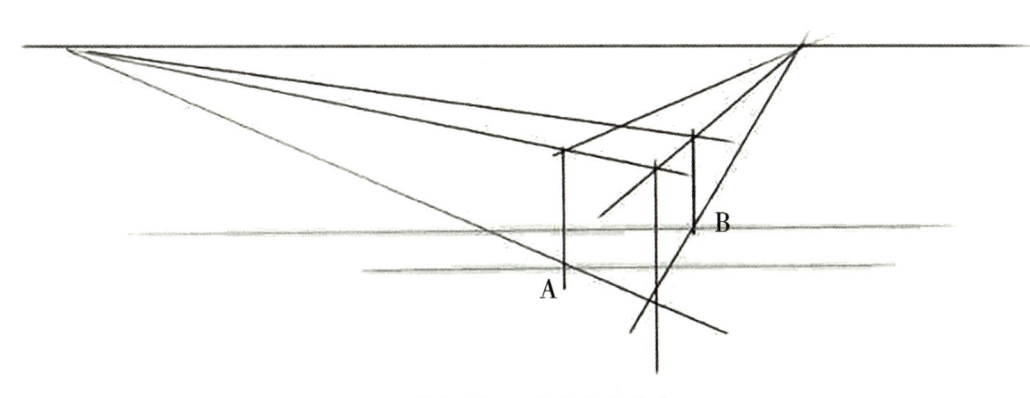

图 1-38　立方体向右平移

任务实施

步骤一：绘制真高线，确定左右两个角，一个角大于 45°，另一个角小于 45°。

步骤二：确定大角对应变线，大于 2/3 真高线且小于真高线。小角对应的变线小于 2/3 真高线（关键）。

步骤三：连接顶点完成。注意，消失线需要分别同时消失在消失点，且左右两个消失点在同一水平线上。过程如图 1-39 所示。

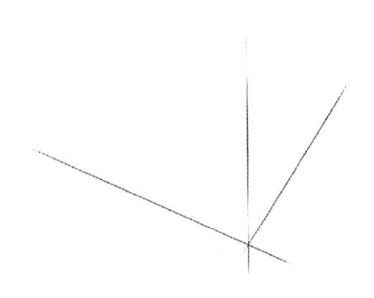

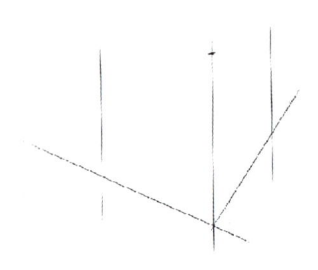

图 1-39　立方体向右平移步骤图

■ 你学会了吗？

请用下面的评价表来评一评吧，获得的星星越多，表示你掌握得越好，不足的地方可以看技巧梳理，通过技巧的提示可以更好地掌握绘制的秘诀，多练习，才有提升。

评价标准					技巧梳理
具体要求	完成情况（请对照具体要求，在符合情况的框内打"√"，单选）				
1　透视	立方体最左和最右两个顶点，大面对应顶点低，小面对应顶点较大面高；顶面比底面扁；两个消失点处于同一水平线	立方体最左和最右两个顶点没有高低区别；顶面比底面扁；两个消失点处于统一水平线	立方体最左和最右两个顶点，大面对应的顶点反而比小面对应的顶点还要高；顶面比底面扁；两个消失点处于统一水平线	立方体最左和最右两个顶点，大面对应的顶点反而比小面对应的顶点还要高；顶面未比底面扁；两个消失点未能处于统一水平线	1. 注意两边的角度不等于45°。 2. 左右面的大小不同。 3. 大角对应面大，小角对应面小。 4. 顶面透视线尤其注意要消失于对应的消失点
	☆☆☆☆□	☆☆☆□	☆☆□	☆□	
2　线条	连贯流畅；直线很直；准确穿过交点；两头轻中间重	基本连贯流畅；有部分直线不直；有两条直线未能准确穿过交点；两头轻中间重	大部分不连贯流畅；大部分直线不直；有两条直线未能准确穿过交点；两头轻中间重	不流畅，不直，穿过焦点不准确，线条有很多重头	
	☆☆☆☆□	☆☆☆□	☆☆□	☆□	

» 高阶任务 «

任务四　凳子的多角度线条图表现

■ 工具准备

A4 纸张、399 黑色彩铅、0.25 和 0.5 签字笔、双头勾线笔。

■ **任务分析**

凳子由两个立方体叠加构成（图 1-2），因此，将立方体拓展为长方体是本任务的关键点。凳子有凳脚细节部分结构，这里涉及方体的变换应用。在绘制的时候注意细节，放大细部结构，理解结构。从 45°立方体入手，进行凳子的两点透视绘制。在绘制的时候注意视高，相对高宽比例较大的产品适宜从俯视角度入手，在细节处理上选一个能够看清楚局部结构的角度为宜。同时还要注意构图。

■ **任务实施**

一、凳子平面图绘制

按照比例绘制凳子的平面图，借助三维模型，按标准绘制（图 1-40）。注意三点要求：第一，视图位置要对齐，正视图和侧视图要水平对齐，顶视图和正视图要垂直对齐；第二，平面图中有重叠的形体，要充分表现轮廓线，体现一定的层次感；第三，镂空的部位采用背景倾斜线以突出结构特征。

二、凳子一点透视角度

步骤一：绘制侧视图，要注意比例和结构关系（图 1-41）。

图 1-40 凳子平面图

步骤二：绘制出一点透视线，注意应消失于同一点（图 1-42）。

步骤三：根据变线小于真高线的原则，以及俯视角度的大小，确定变线的长度（图 1-43）。

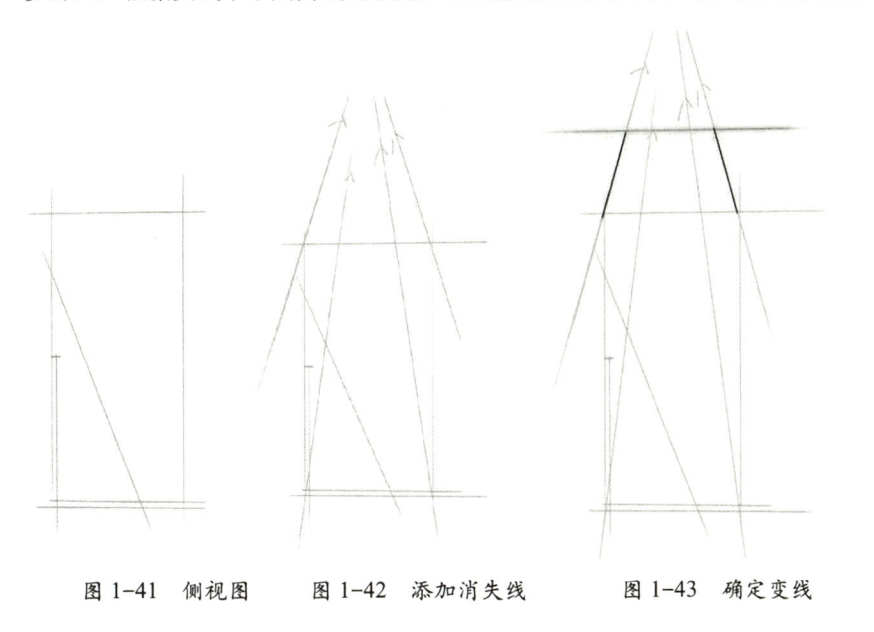

图 1-41 侧视图　　图 1-42 添加消失线　　图 1-43 确定变线

视频：凳子一点透视绘制

视频：凳子平面图绘制

步骤四：根据变线构建出底面和其余棱边，根据透视线确定另一只凳腿的位置（图1-44）。

步骤五：绘制出细节，用不同粗细的笔勾出不同类型的线条（图1-45）。

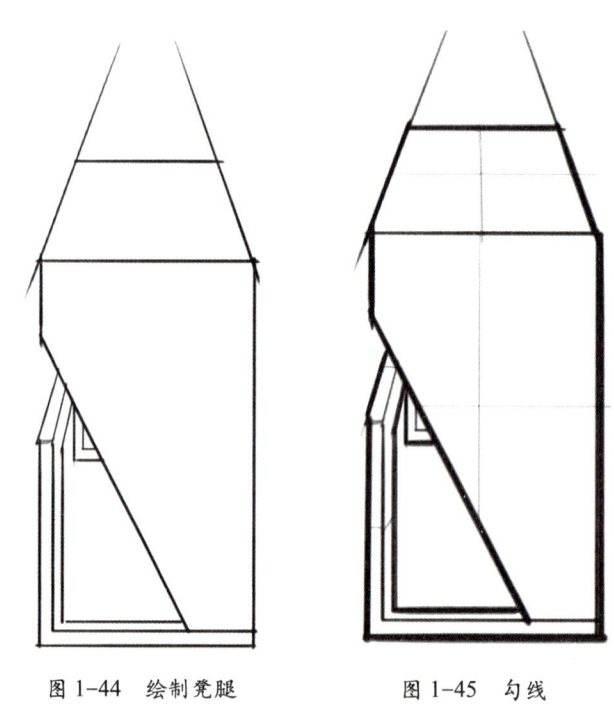

图1-44　绘制凳腿　　　图1-45　勾线

三、凳子两点透视45°俯视角度

步骤一：绘制两个叠加的45°立方体，注意左右消失点保持水平，且箭头标注的消失线之间其消失方向一致且均匀（图1-46）。

步骤二：按比例切割出凳脚和凳子的造型（图1-47）。

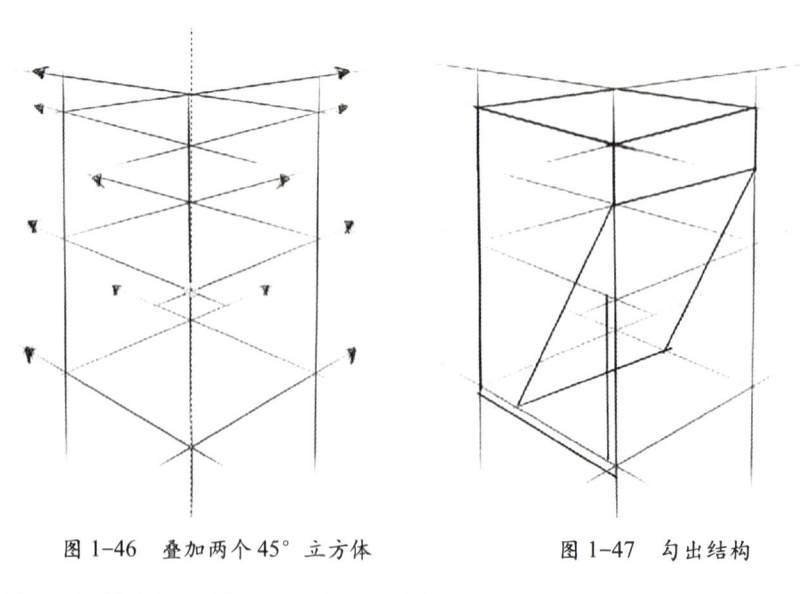

图1-46　叠加两个45°立方体　　　图1-47　勾出结构

视频：凳子45°视角俯视角度绘制

素材：凳子三维模型

步骤三：绘制出凳腿的细节，几个面要清晰（图1-48）。

步骤四：绘制不同类型的线条类型，添加投影（图1-49）。

图 1-48　绘制凳腿结构面

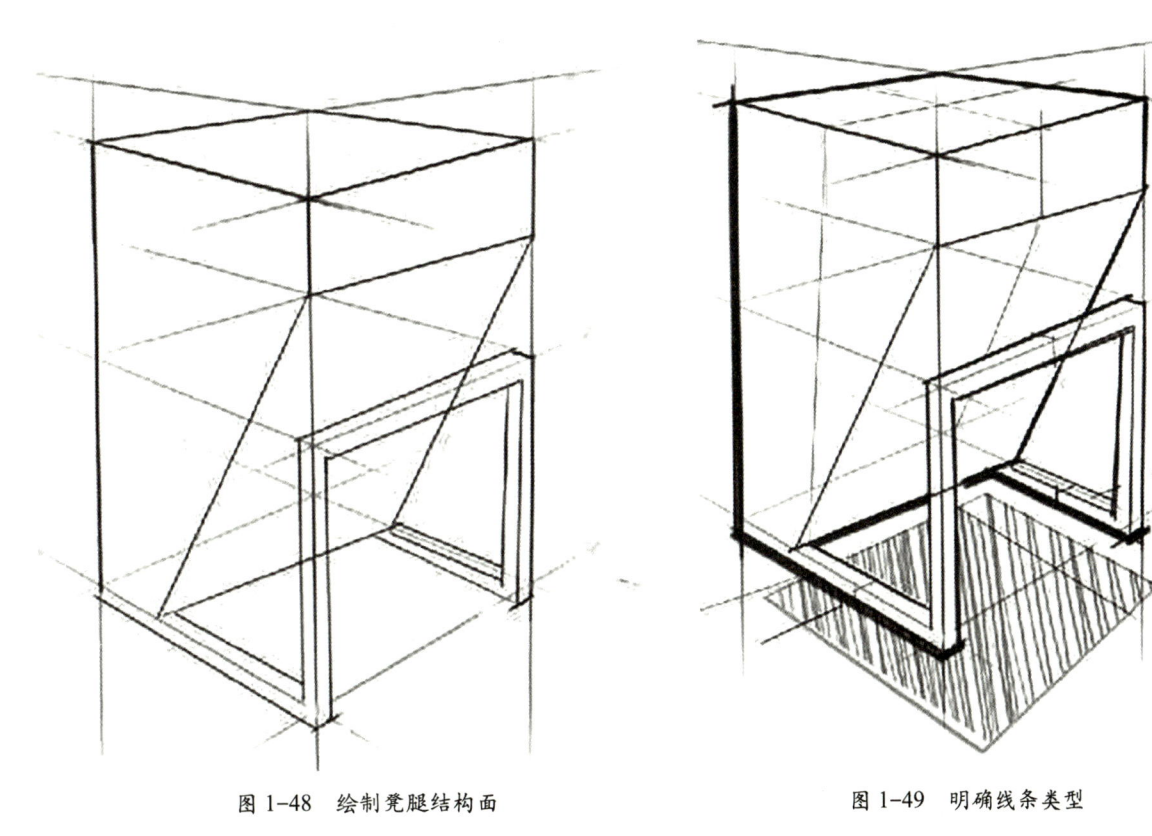

图 1-49　明确线条类型

四、凳子两点透视 45°仰视角度

步骤一：绘制两个叠加的 45°立方体，注意左右消失点保持水平，且箭头标注的消失线之间其消失方向应一致且均匀。这个角度为仰视角度，视平线很低，营造一种气势感，是常见的表达角度（图 1-50）。

步骤二：按比例切割出凳腿和凳子的造型（图 1-51）。

视频：凳子 45°视角仰视角度绘制

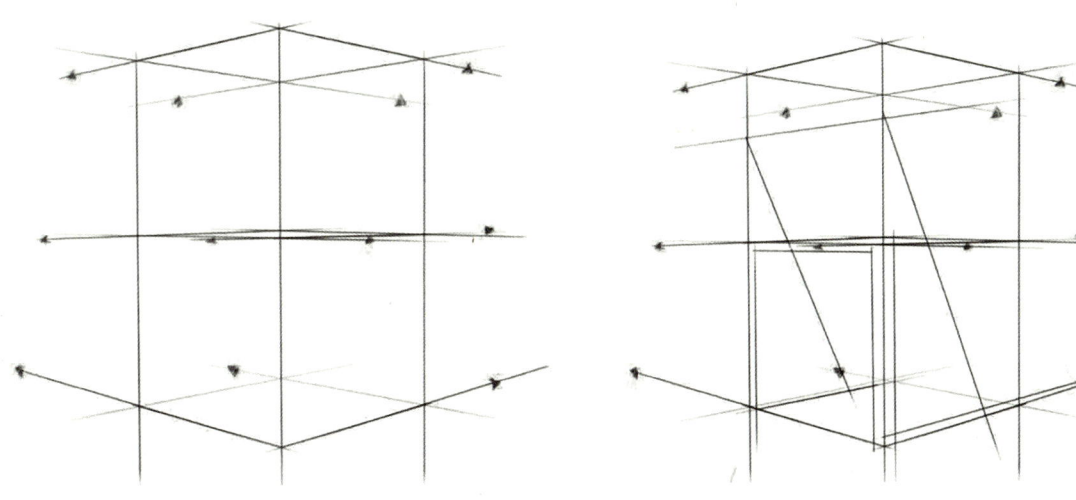

图 1-50　绘制两个上下叠加的 45°立方体

图 1-51　按比例切割立方体

步骤三：绘制出凳腿的细节，几个面要清晰，尤其凳腿的面，由于透视关系不被看见（图 1-52）。
步骤四：绘制不同类型的线条，添加投影（图 1-53）。

23

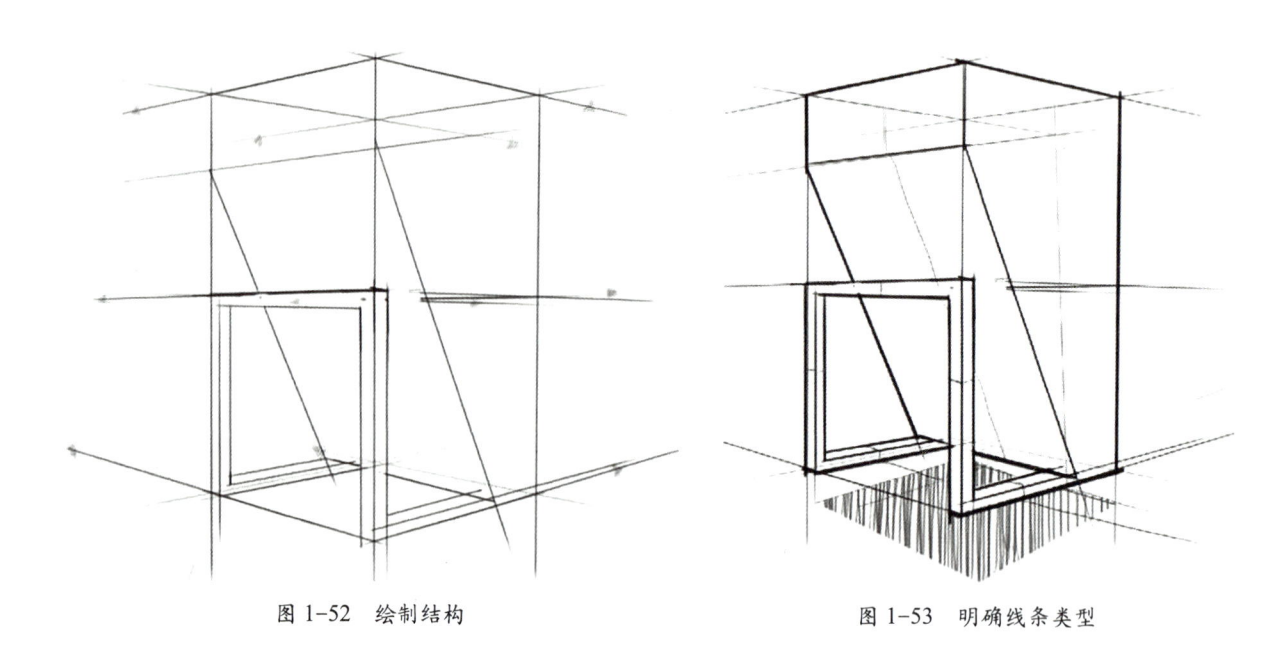

图 1-52　绘制结构　　　　　　　　　　　　　　图 1-53　明确线条类型

五、构图

产品绘制前，如何合理规划各个角度的产品图在一张 A4 纸张上的位置，让它们看起来有主有次，画面饱满均衡，是我们构图所要把握的内容。一般来说，两点透视立体角度会占据画面主要位置，然后配以其他补充说明角度、平面图和细节图，组成一个手绘效果图的基本画面。图 1-54 ～图 1-57 所示为合理安排位置的构图参考，从饱满度来说，都做得很好；但是从视觉引导的说明性来说，图 1-54 的表达最为合理，主图占据主要位置，且用 45°立体角度表示，观者可清晰了解产品的结构特征和比例关系，再将其他角度和平面细节穿插组成，形成了主次有序、重点突出的构图。

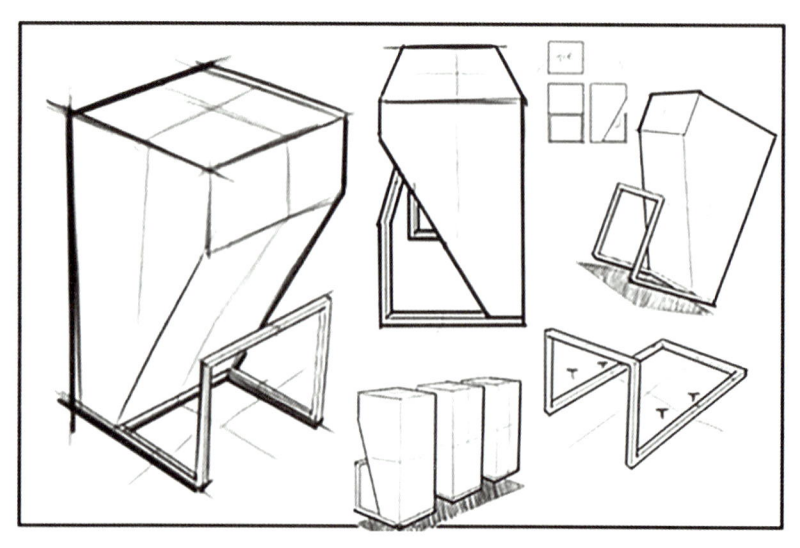

图 1-54　横构图一　　　　　　　　　　　　　　图 1-55　竖构图

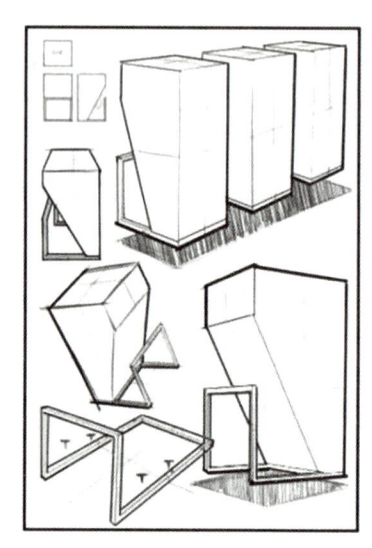

图 1-56 横构图二

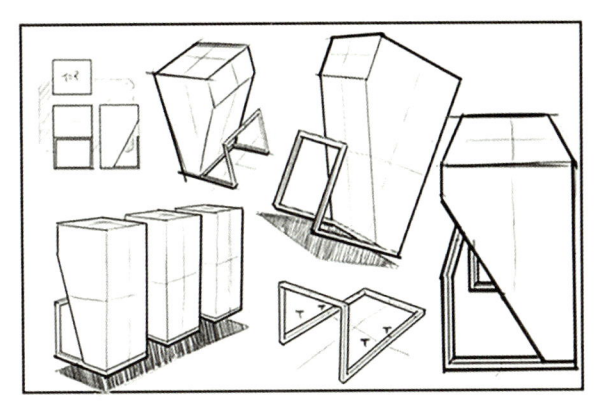

图 1-57 横构图三

你学会了吗？

请用下面的评价表来评一评吧，获得的星星越多，表示你掌握得越好，不足的地方可以看技巧梳理，通过技巧的提示可以更好地掌握绘制的秘诀，多练习，才有提升。

具体要求		评价标准				技巧梳理
		完成情况（请对照具体要求，在符合情况的框内打"√"，单选）				
1	透视	符合近大远小的视觉原则	有 1 或 2 处变线过长	有 3～5 处变线过长	超过 5 处的变线过长	透视线画长一点检验消失点；看不到的结构线画出来，检查结构
		☆☆☆☆□	☆☆☆□	☆☆□	☆□	
2	线条	线条流畅，类型分明	线条流畅，不同类型的线条没有粗细变化，分型线、轮廓线不够粗	线条流畅度一般，不同类型的线条粗细一致	线条不流畅，线条类型不明确	线条一定要画长一些，合理运用肌肉记忆，意在笔先
		☆☆☆☆□	☆☆☆□	☆☆□	☆□	
3	形体	各个角度的结构和比例准确统一	有部分角度比例不一致，但总体结构合理统一	平面图和主视图立体角度比例、结构不统一	结构和比例不统一	在 45°的角度上去推敲其他角度的变线关系，配合平面图的尺寸检验整体比例关系
		☆☆☆☆□	☆☆☆□	☆☆□	☆□	
4	构图	主次分明有细节，饱满且均衡	主次分明、均衡，且留有 1 个立体角度的空位	主次不分明，但均衡，且留有 1 个立体角度的空位	主次不分明，不饱满	先在纸张确定主图立体角度，再穿插其他。主图一般处在黄金位置
		☆☆☆☆□	☆☆☆□	☆☆□	☆□	

» 拓展任务 «

任务五 椅子的多角度表现

椅子的多角度绘制范画如图 1-58 所示。

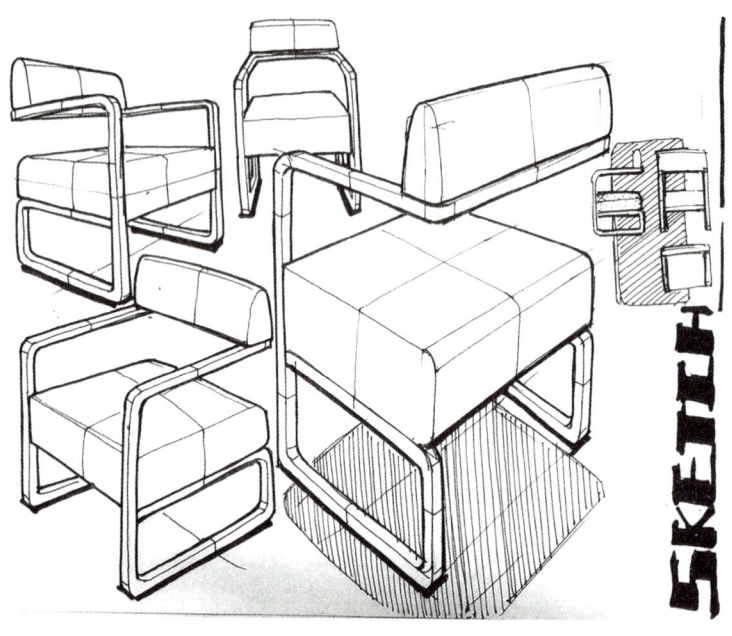

图 1-58 椅子的多角度绘制范画

视频：椅子的多角度表现

素材：椅子三维模型

■ **你掌握得如何？**

请将完成的作品与范画进行比对，用下面的量表来自我评价一下吧，获得的星星越多，表示你掌握得越好，不足的地方需要回到本项目前几个任务中梳理技巧，通过技巧的提示可以更好地掌握绘制的秘诀。希望同学们能够不懈努力，做到最好！

评价量表							
	项目	具体内容	非常好	较好	一般	有错误	还需努力
1	线条	流畅度	☆☆☆☆☆□	☆☆☆☆□	☆☆☆□	☆☆□	☆□
		线条类型	☆☆☆☆☆□	☆☆☆☆□	☆☆☆□	☆☆□	☆□
2	透视	近大远小	☆☆☆☆☆□	☆☆☆☆□	☆☆☆□	☆☆□	☆□
3	形体	比例尺度	☆☆☆☆☆□	☆☆☆☆□	☆☆☆□	☆☆□	☆□
		结构分型	☆☆☆☆☆□	☆☆☆☆□	☆☆☆□	☆☆□	☆□
		体积感	☆☆☆☆☆□	☆☆☆☆□	☆☆☆□	☆☆□	☆□
4	构图	饱满度	☆☆☆☆☆□	☆☆☆☆□	☆☆☆□	☆☆□	☆□
5	用时	少于 60 min	☆☆☆☆☆□	☆☆☆☆□	☆☆☆□	☆☆□	☆□

项目二　组合体产品绘制

项目分析

　　组合体是将多个简单几何形体组成一个整体，通过轮廓线的融合、结构面的过渡，得到满足功能需求的新产品造型，是现有产品的一种典型形态。本项目采用圆柱体为基础的组合形式展开学习，在掌握圆柱体的基础上学习组合关系（图2-1）。如图2-2所示，吹风机的造型主要由两个圆柱体组合而成，圆柱体包含三个知识点：圆和透视圆的线条绘制、圆和圆柱体的透视，以及圆柱体与圆柱体穿插的关系。其中，圆柱体透视和圆柱体穿插是本项目的重难点。而拓展任务中的机器狗是将圆和方体结合，同时对角的造型提出了新的要求，需要同学们去思考和探索（图2-3）。通过吹风机和机器狗的绘制练习，可以发现透视圆在不同的状态下如何造型，以及多个形体组合的关系。

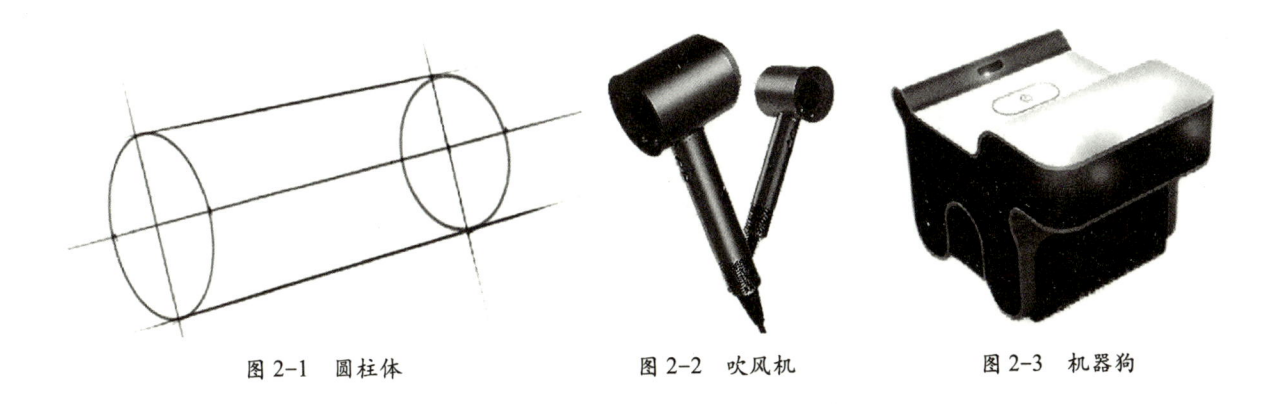

图2-1　圆柱体　　　　图2-2　吹风机　　　　图2-3　机器狗

学习目标

知识目标

认识透视圆；理解圆柱体透视原理；掌握圆柱体的透视方法和绘制方法。

能力目标

会绘制透视圆；能绘制不同角度的圆柱体；掌握圆柱体的穿插绘制方法。

素养目标

养成对圆的透视习惯和科学严谨的绘图意识；培育精益求精的工匠精神。

任务清单

项目二　组合体产品绘制

学习阶段	任务细分	重难点	学习建议
初阶任务	任务一　圆与透视圆的画法	透视圆变线绘制	课前任务
中阶任务	任务二　圆柱体的画法	最长轴和最短轴快速绘制圆柱体	课中任务
高阶任务	任务三　吹风机绘制	圆柱和圆柱体结合的交界面处理	课中任务
拓展任务	任务四　机器狗多角度表现	多角度转换	课后任务

课件：组合体产品绘制

» 初阶任务 «

任务一　圆与透视圆的画法

■ **工具准备**

A4 纸张、399 黑色彩铅。

■ **任务分析**

圆的绘制是透视圆的基础,有很多种方法可以画出正圆。手绘的快速准确性,决定了正圆的绘制必须又快又圆。本任务介绍了运用十字法绘制圆的方法,多加练习,形成手部的肌肉记忆,可以快速单线条绘制圆。

■ **任务实施**

子任务一　正圆绘制

步骤一:对水平线作垂直线,标出四个等距离点(图1-2-4)。

步骤二:对四个点做手腕动作,打圆圈进行肌肉记忆,可以多绕几圈(图2-5)。

步骤三:在前一步骤下快速平稳地画下正圆(图2-6)。

视频:圆和透视圆及圆柱体画法

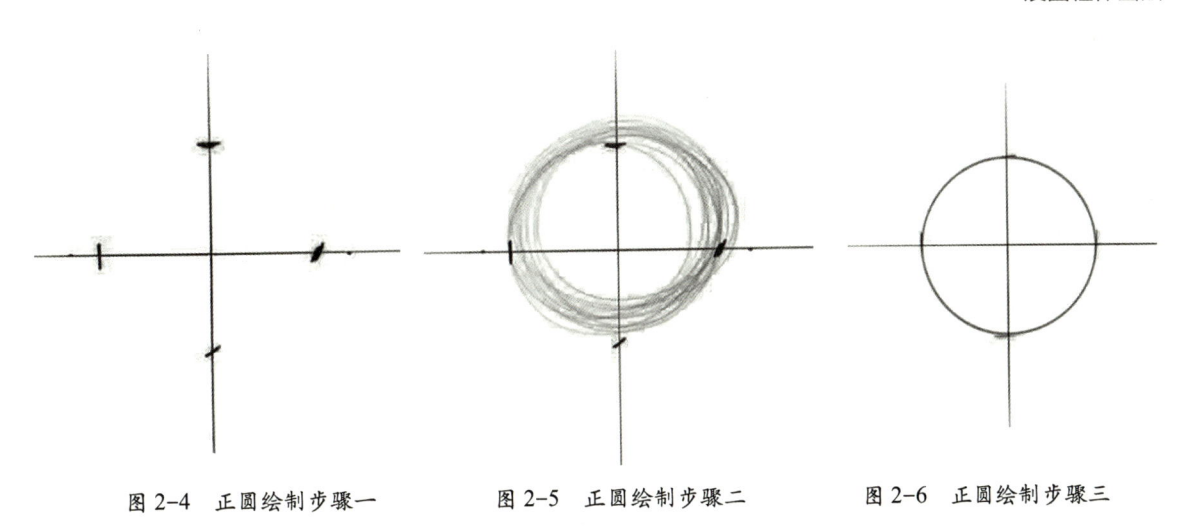

图 2-4　正圆绘制步骤一　　图 2-5　正圆绘制步骤二　　图 2-6　正圆绘制步骤三

子任务二　透视圆绘制

步骤一:作垂直线,然后呈角度绘制交叉线,标出四个点,其中上下两点与中心等距;左右两点一远一近,是透视的关键点(图2-7)。

步骤二:对四个点做手腕动作,打圆圈进行肌肉记忆,可以多绕几圈(图2-8)。

步骤三：在前一步骤下快速平稳地画下透视圆（图2-9）。

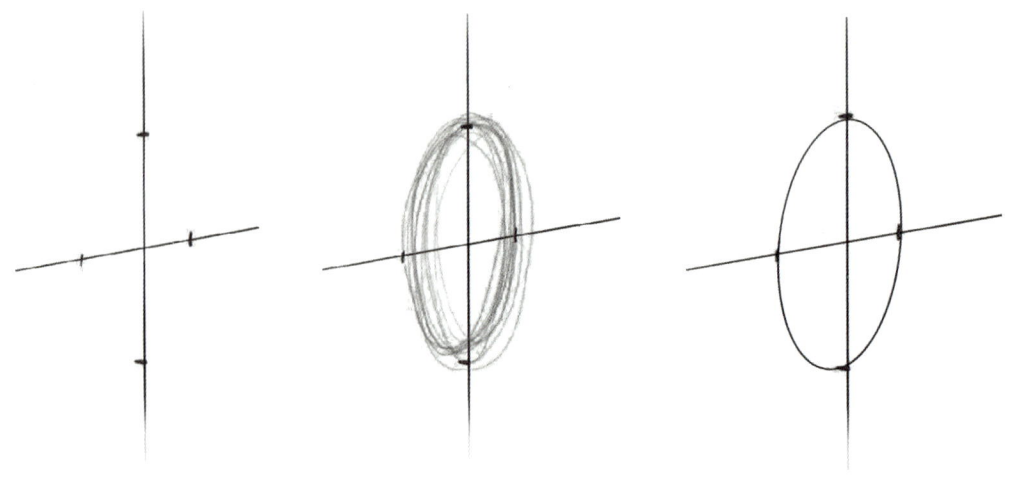

图2-7 透视圆绘制步骤一　　图2-8 透视圆绘制步骤二　　图2-9 透视圆绘制步骤三

■ 你学会了吗？

请用下面的评价表来评一评吧，获得的星星越多，表示你掌握得越好，不足的地方可以看技巧梳理，通过技巧的提示可以更好地掌握绘制的秘诀，多练习，才有提升。

具体要求	评价标准				技巧梳理
^	完成情况（请对照具体要求，在符合情况的框内打"√"，单选）				^
1　透视	正圆很圆，透视圆符合近大远小的视觉原则	正圆很圆，但透视圆变线过短	正圆比例不对	不符合近大远小的视觉原则	短轴上以交点为中心，半轴近的长，远的短
^	☆☆☆☆□	☆☆☆□	☆☆□	☆□	^
2　线条	线条流畅	有断线	线条较多	线条不流畅	绘制圆线条时，手腕和手臂一起动，并做肌肉记忆
^	☆☆☆☆□	☆☆☆□	☆☆□	☆□	^

» 中阶任务 «

任务二　圆柱体的画法

■ 工具准备

A4纸张、0.25签字笔、0.5签字笔、双头勾线笔。

■ 任务分析

圆柱体是由两个透视圆构成一个曲面，两个透视圆距离有远有近，圆柱体较长的两个透视圆变化大，较短的变化小。绘制的要点是最长轴和最短轴的关键尺度。最短轴处于圆柱体中轴线上，分别位于上下面；最长轴处于两个透视圆的横截面上，与画面平行，一般不发生前后变形。掌握最长轴和最短轴的变化特征就能快速绘制出圆柱体的透视关系（图2-10）。

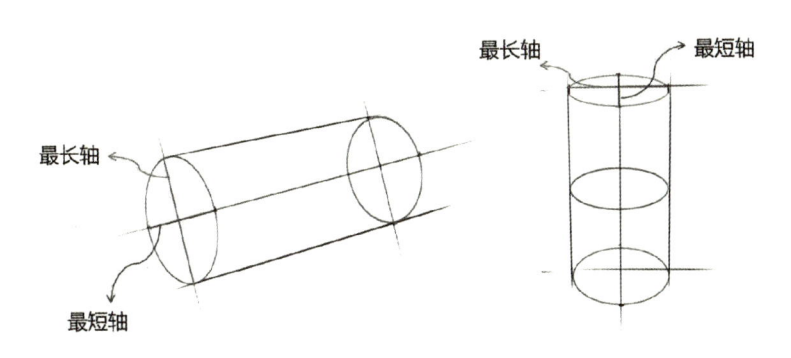

图 2-10　圆柱体最短轴和最长轴关系

■ 任务实施

子任务一　横向圆柱体绘制

步骤一：绘制出垂直交叉的最长轴和最短轴，并延长最短轴（图2-11）。

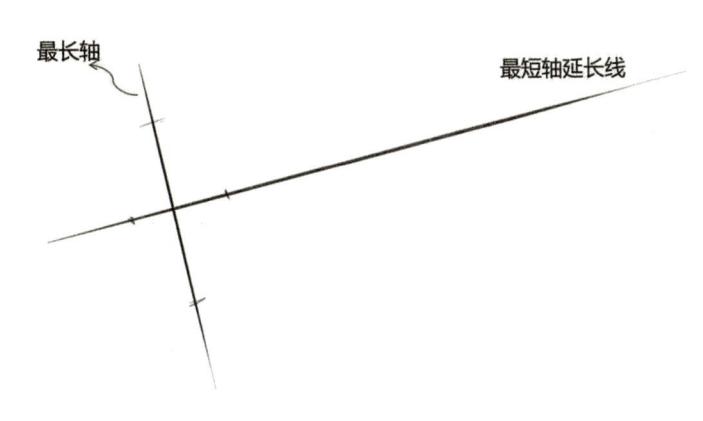

图 2-11　绘制两轴

步骤二：在交叉轴上绘制出透视圆，注意前半轴和后半轴的近大远小关系（图2-12）。

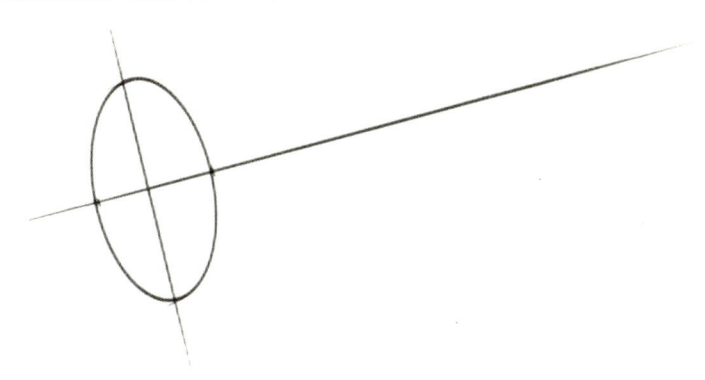

图 2-12　绘制透视圆

步骤三：在最短轴的延长线 H 上取任意点，绘制最长轴的平行线 L；然后在 L 线上设置比最长轴上略短的定点 A 和 B（注意上下平分），在 H 线上设置比最短轴上略长的定点 C 和 D（注意，离我们近的那半轴长一些，远的短一些）（图 2-13）。

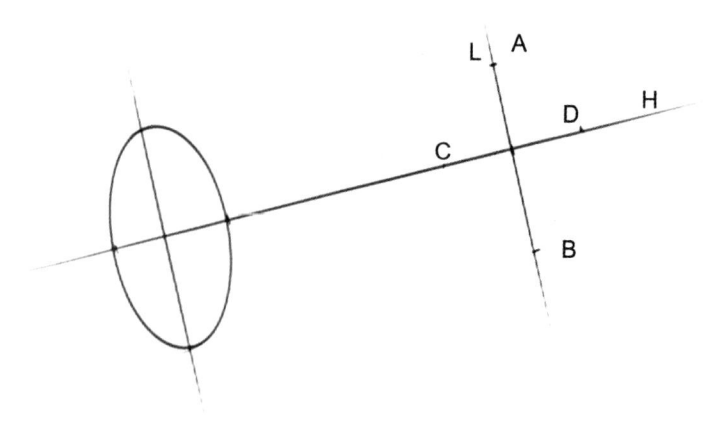

图 2-13 绘制底面透视圆的透视关系

步骤四：绘制出底面透视圆，注意线条要连贯流畅（图 2-14）。

步骤五：连接轮廓线，注意轮廓线和透视圆相切，且两边消失于后方（图 2-15）。

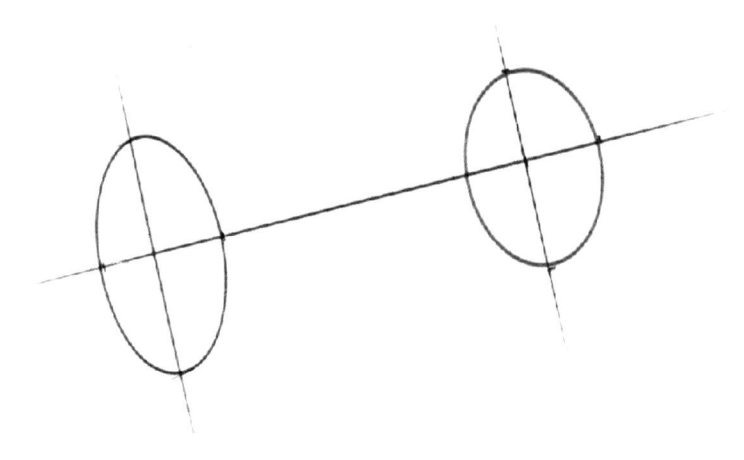

图 2-14 绘制底面透视圆

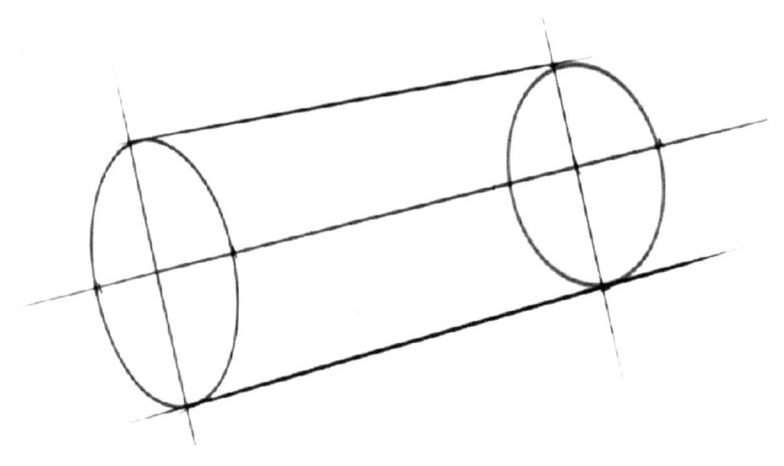

图 2-15 连接轮廓线

子任务二　竖向圆柱体绘制

步骤一：绘制出垂直交叉的最长轴和最短轴，并延长最短轴。在最短轴的延长线 H 上取任意点，绘制最长轴的平行线 L；然后在 L 线上设置比最长轴上略短的定点 A 和 B（注意左右平分），在 H 线上设置比最短轴上略长的定点 C 和 D（注意离我们近的那半轴长一些，远的短一些）（图 2-16）。

步骤二：在交叉轴上绘制出透视圆，注意前半轴和后半轴的近大远小关系（图 2-17）。

步骤三：绘制出横截面，并连接轮廓线（图 2-18）。

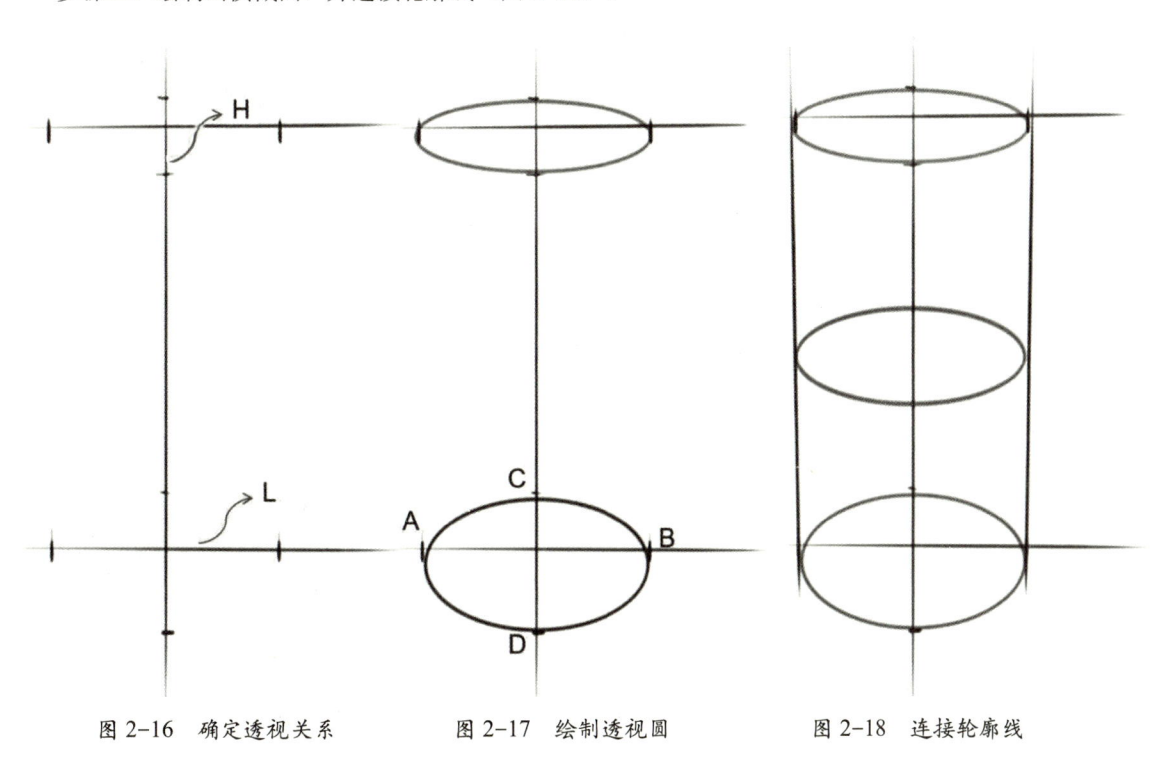

图 2-16　确定透视关系　　　图 2-17　绘制透视圆　　　图 2-18　连接轮廓线

■ 你学会了吗？

请用下面的评价表来评一评吧，获得的星星越多，表示你掌握得越好，不足的地方可以看技巧梳理，通过技巧的提示可以更好地掌握绘制的秘诀，多练习，才有提升。

	具体要求	评价标准				技巧梳理
		完成情况（请对照具体要求，在符合情况的框内打"√"，单选）				
1	透视	透视圆符合近大远小的视觉原则，且顶面比底面扁	透视圆基本符合近大远小的视觉原则，但顶面和底面大	变线过长，且顶面透视不明显	不符合近大远小的视觉原则	短轴上以交点为中心，半轴近的长，远的短
		☆☆☆☆□	☆☆☆□	☆☆□	☆□	
2	线条	线条流畅	有断线	线条较多	线条不流畅	绘制圆线条时，手腕和手臂一起动，并做肌肉记忆
		☆☆☆☆□	☆☆☆□	☆☆□	☆□	

》高阶任务《

任务三 吹风机绘制

吹风机线条图如图 2-19 所示。

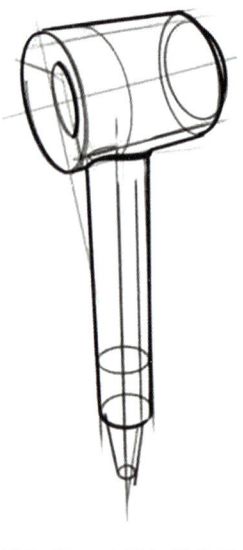

图 2-19 吹风机线条图

视频：圆柱穿插及吹风机绘制

素材：吹风机三维模型

■ **工具准备**

A4 纸张、399 黑色彩铅、双头勾线笔。

■ **任务分析**

圆柱体与圆柱体交接是吹风机的主要特征（图 2-20），通过三维模型可以发现，这个共用的面不是平的，呈现薯片状。因此需要对它们交叉的共用面进行研究，将这个共用面在不同的角度呈现的典型姿态进行归纳，形成符号性的表达，在以后的相同类型绘制中，可以提高绘制速度。

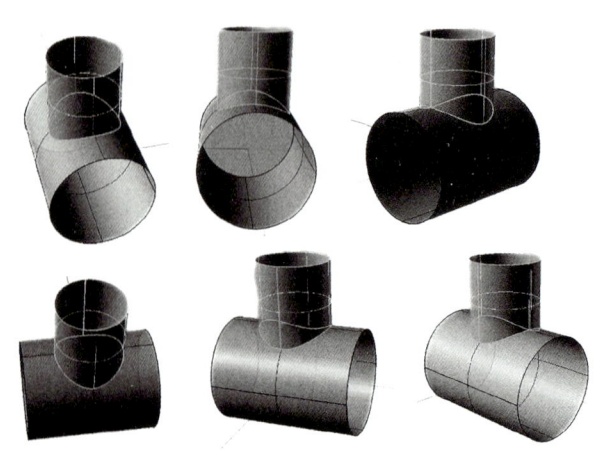

图 2-20 圆柱体与圆柱体交界面的不同角度特征

■ **任务实施**

步骤一：绘制透视圆轴线，注意底面的轴线最长轴略短、最短轴略长的原则（图 2-21）。

步骤二：根据近大远小的原理，绘制风筒的圆柱体结构（图 2-22）。

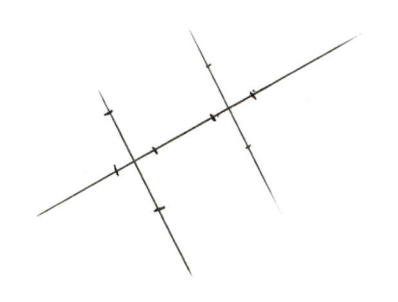

图 2-21　确定透视关系　　　　图 2-22　绘制圆柱体

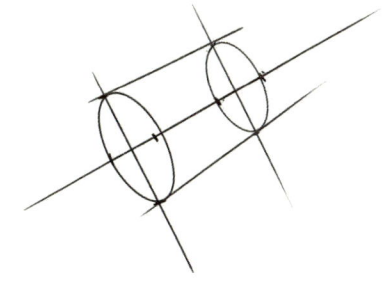

步骤三：绘制圆套圆，表现出下凹的集风口结构特征（图 2-23）。

步骤四：绘制出手柄圆柱和风筒的交接结构，注意曲面交接（图 2-24）。

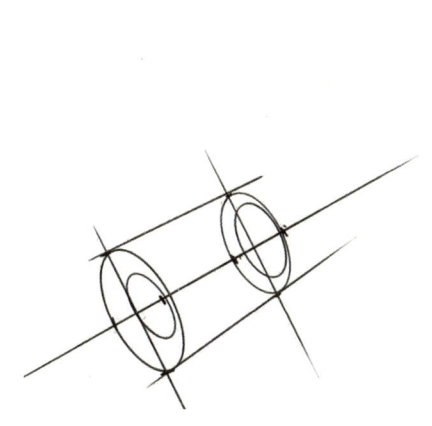

图 2-23　画出集风口结构　　　图 2-24　绘制手柄

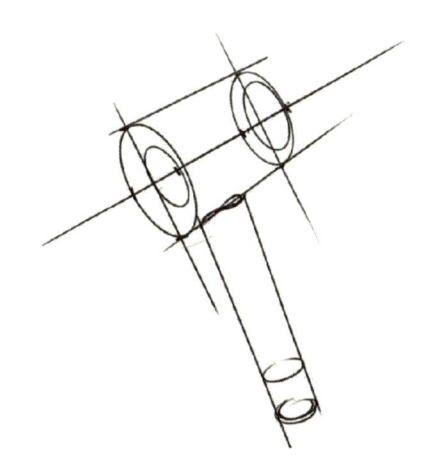

步骤五：画出按钮等细节（图 2-25）。

步骤六：画出线条类型。注意，圆柱体比较长时，可以增加几个横截面来增加立体感（图 2-26）。

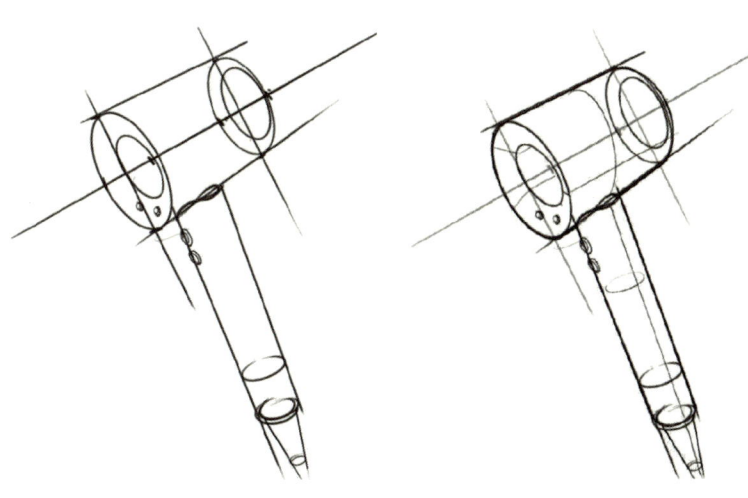

图 2-25　画出细节　　　　　　图 2-26　明确线条类型

你学会了吗？

请用下面的评价表来评一评吧，获得的星星越多，表示你掌握得越好，不足的地方可以看技巧梳理，通过技巧的提示可以更好地掌握绘制的秘诀，多练习，才有提升。

具体要求		评价标准				技巧梳理
		完成情况（请对照具体要求，在符合情况的框内打"√"，单选）				
1	透视	透视圆柱的长短轴关系明确，透视效果好	透视圆柱的长短轴关系不明确，透视效果一般	透视圆柱的长短轴关系错误、透视错误	不符合近大远小的视觉原则	短轴上以交点为中心，半轴近的长，远的短
		☆☆☆☆□	☆☆☆□	☆☆□	☆□	
2	线条	线条流畅	有断线	线条较多	线条不流畅	绘制圆线条时，手腕和手臂一起动，并做肌肉记忆
		☆☆☆☆□	☆☆☆□	☆☆□	☆□	
3	结构	比例符合原图，且交界面清晰、完整，结构体积感强	比例不准确，透视圆柱过宽，但交界面清晰，结构体积感强	比例错误，且交界面不清晰，结构体积感弱	比例和交界面错误，结构体积感弱	共有交界面的特殊形记忆；较长的圆柱体可增加横截面来表达立体感
		☆☆☆☆□	☆☆☆□	☆☆□	☆□	

» 拓展任务 «

任务四　机器狗多角度表现

视频：机器狗平面图绘制　　视频：机器狗左后角度绘制　　视频：机器狗右后角度绘制　　素材：机器狗三维模型

机器狗及其角度范画如图 2-27 所示。

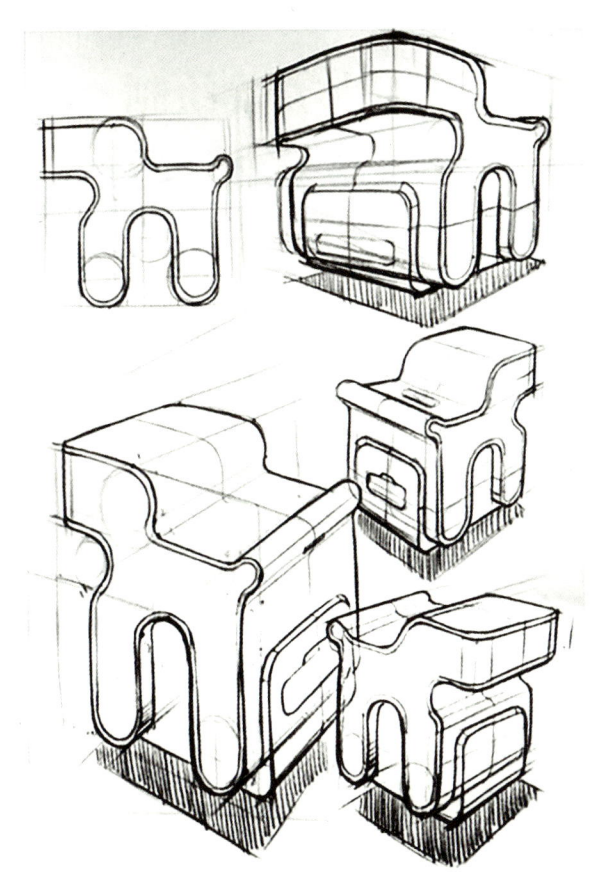

图 2-27 机器狗多角度范画

■ 你掌握得如何？

请将完成的作品和范画进行比对，用下面的量表来自我评价一下吧，获得的星星越多，表示你掌握得越好，不足的地方需要回到本项目前几个任务中梳理技巧，通过技巧的提示可以更好地掌握绘制的秘诀。希望同学们能够不懈努力，做到最好！

评价量表							
	项目	具体内容	非常好	较好	一般	有错误	还需努力
1	线条	流畅度	☆☆☆☆☆□	☆☆☆☆□	☆☆☆□	☆☆□	☆□
		线条类型	☆☆☆☆☆□	☆☆☆☆□	☆☆☆□	☆☆□	☆□
2	透视	近大远小	☆☆☆☆☆□	☆☆☆☆□	☆☆☆□	☆☆□	☆□
3	形体	比例尺度	☆☆☆☆☆□	☆☆☆☆□	☆☆☆□	☆☆□	☆□
		结构分型	☆☆☆☆☆□	☆☆☆☆□	☆☆☆□	☆☆□	☆□
		体积感	☆☆☆☆☆□	☆☆☆☆□	☆☆☆□	☆☆□	☆□
4	构图	饱满度	☆☆☆☆☆□	☆☆☆☆□	☆☆☆□	☆☆□	☆□
5	用时	少于 60 min	☆☆☆☆☆□	☆☆☆☆□	☆☆☆□	☆☆□	☆□

项目三　倒角体产品绘制

项目分析

　　倒角是将直角的棱边进行处理的方式，可以处理成圆润的圆角，也可以处理成较平缓的斜角，是产品造型中最常见的细节处理方式（图3-1～图3-3）。倒角的形状可以改变，大小也可以改变，并且同一件产品造型可以拥有不同的倒角，并且一个棱边的倒角还可以前后大小不同、曲率不同，因此倒角对产品整体造型的细节感官影响较大。当下市场中出现越来越多的简洁和扁平化的产品，提醒着我们再次重视倒角产品的绘制。倒角分为倒斜角和倒圆角。直角最具坚硬感，斜角具有一定的锋利特征，而圆角圆润，这些都是角给我们展现的产品语义（图3-4）。本项目通过倒斜角和倒圆角的训练，掌握倒角体的产品绘制规律。

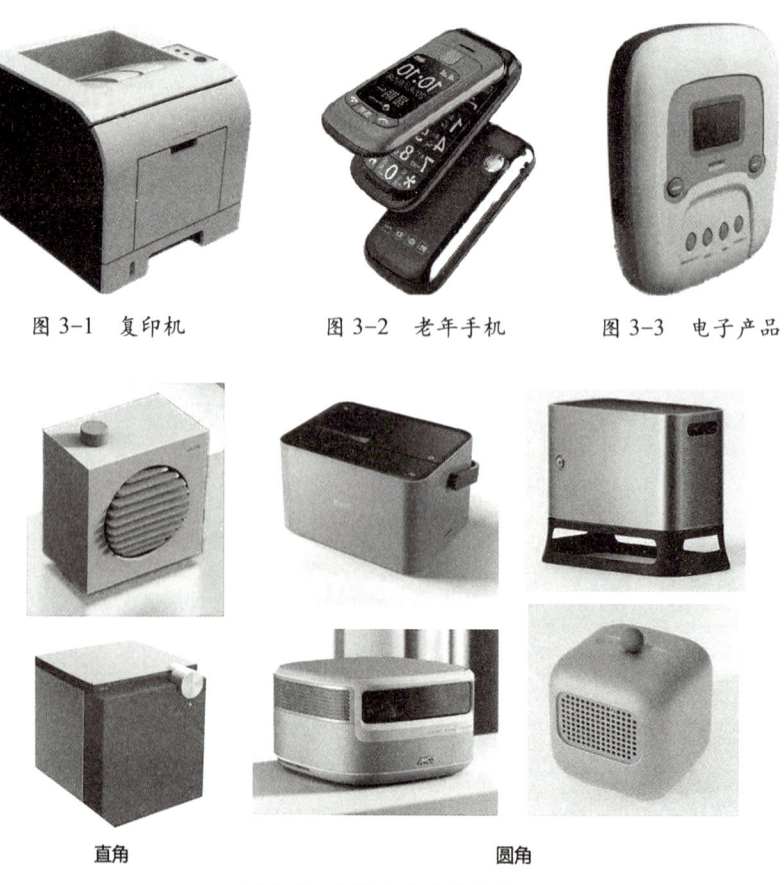

图3-1　复印机　　　图3-2　老年手机　　　图3-3　电子产品

直角　　　　　　　　　圆角

图3-4　方体产品角的变化

学习目标

知识目标

认识产品倒角的类型；理解倒角原理；掌握倒角的绘制方法。

能力目标

会辨识产品的角；能绘制不同类型的倒角及其产品。

素养目标

养成对角观察的审美习惯和科学严谨的绘图意识；培育精益求精的工匠精神。

任务清单

项目三　倒角体产品绘制

学习阶段	任务细分	重难点	学习建议
初阶任务	任务一　一次倒角的绘制 任务二　R角的绘制	角的生成结构	课前任务
中阶任务	任务三　复印机绘制	圆角的应用	课中任务
高阶任务	任务四　老年手机多角度绘制	圆角的多角度应用	
拓展任务	任务五　电子产品多角度表现		课后任务

课件：倒角体产品绘制

» 初阶任务 «

任务一　一次倒角的绘制

■ **工具准备**

A4 纸张、399 黑色彩铅。

■ **任务分析**

以两点透视立方体为例，一次倒角的形成是立方体顶面到右侧面转角的变化。可以倒为直角，也可以倒为圆角。一般通过 Rhino 软件可以清晰地看到，倒角的形成需要点的引导（图 3-5）。图 3-6 中采用单位为 1 的正方形对角线来完成倒斜角。假如对角线的两个顶点分别向所在直线不同的位置移动，那么这个斜角就会产生不同的变化，被切的角会形成前后不同宽度的斜面（图 3-7）。一次倒角所用的为直线，也可以称为切角；当切角比较大时，则可以形成面的感觉。

微课：一次倒角的绘制

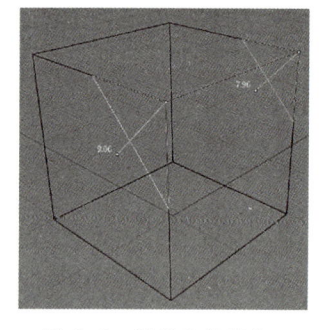

图 3-5　倒斜角的形成　　　图 3-6　倒斜角　　　图 3-7　变化的斜角

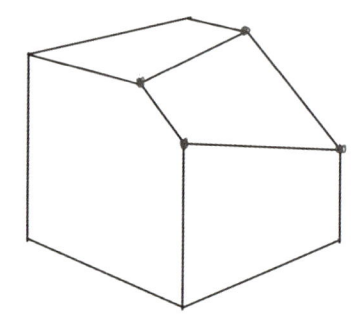

同样以立方体为例，一次倒圆角的形成是立方体顶面到右侧面转角的变化。角的形态是单位为 1 的对角弧线。从 Rhino 软件中可以观察到，该图中圆角为四分之一正圆弧线（图 3-8）。同时，当对角弧线的两个顶点在所在直线上的位置移动时，则可以产生不同大小的一次倒圆角形态（图 3-9）。一次倒角所用的为曲线，也可以称为圆角，当圆角比较大时，则可以形成曲面的感觉（图 3-10）。

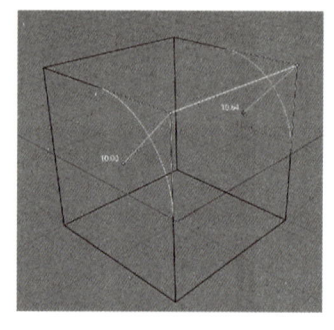

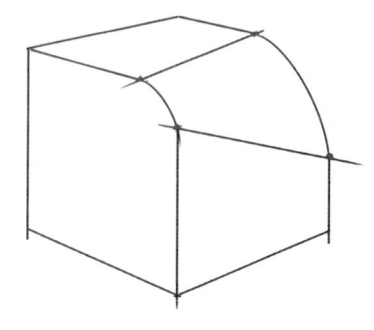

图 3-8　倒圆角的形成　　　图 3-9　变化的圆角　　　图 3-10　倒圆角

在倒斜角和倒圆角的过程中，很多同学较为随意，直接用直线切，这就造成倒角的质量不过关，影响整

体造型。因此，应该先确定两个倒角点或圆角点的具体位置，再通过这两个点连接倒角或圆角，保证角准确性。由于角发生了变化，一条棱边衍生出两条结构线，我们称之为圆角结构线（图3-11）。在绘制的过程中不能丢掉圆角结构线，尤其注意在绘制圆角时，必须表达出圆角一分为二的圆角结构线。

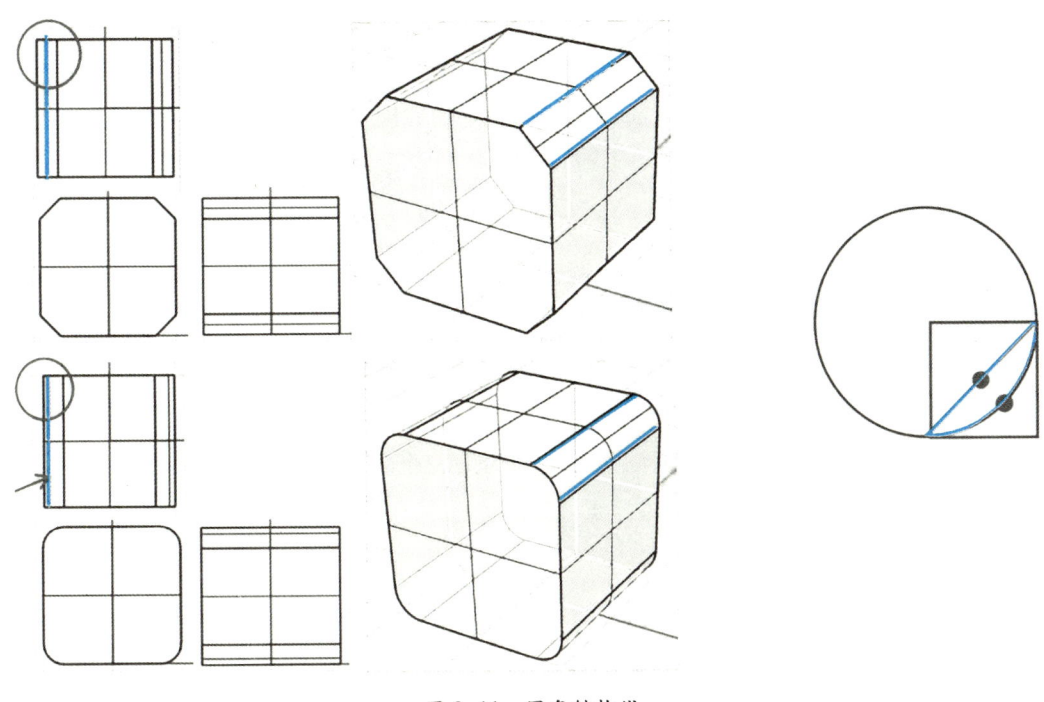

图 3-11 圆角结构线

■ 任务实施

子任务一　一次倒斜角绘制

步骤一：快速绘制一个俯视45°立方体（图3-12）。

步骤二：从一个顶点分别向两个相邻的面裁切（图3-13）。

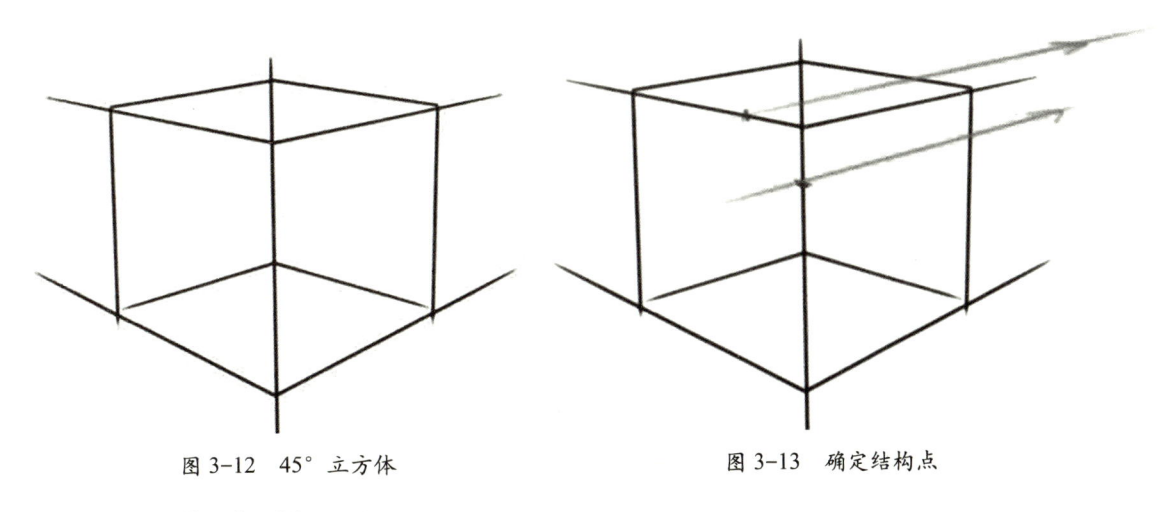

图 3-12　45°立方体

图 3-13　确定结构点

步骤三：连接两点（图3-14）。

步骤四：明确线条类型（图3-15）。

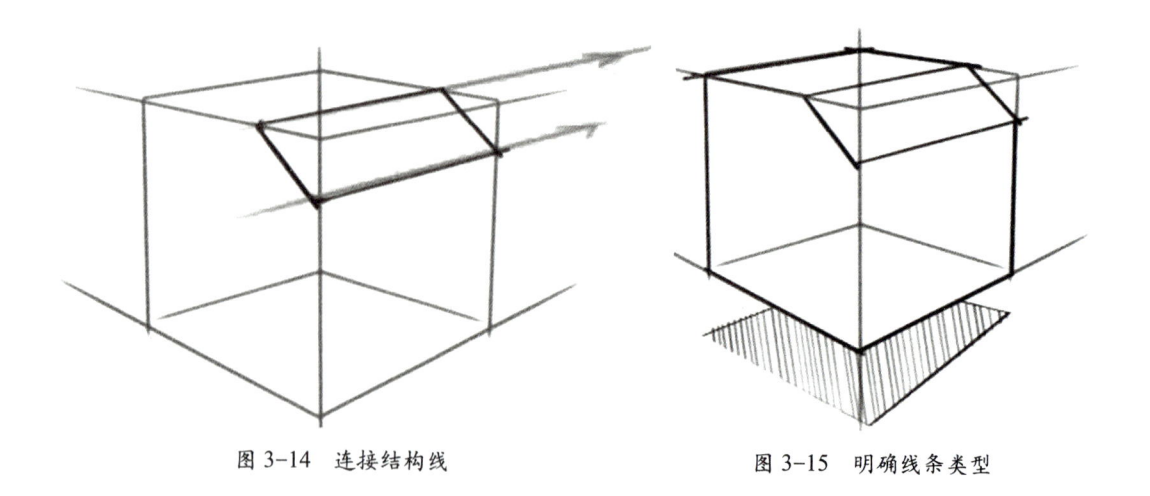

图 3-14 连接结构线　　　　　　　　　图 3-15 明确线条类型

子任务二　一次倒圆角绘制

步骤一：快速绘制一个俯视45°立方体，从一个顶点向第三个面绘制一个透视正方形（图3-16）。

步骤二：取正方形的对角线2/3处为第三个点（图3-17）。

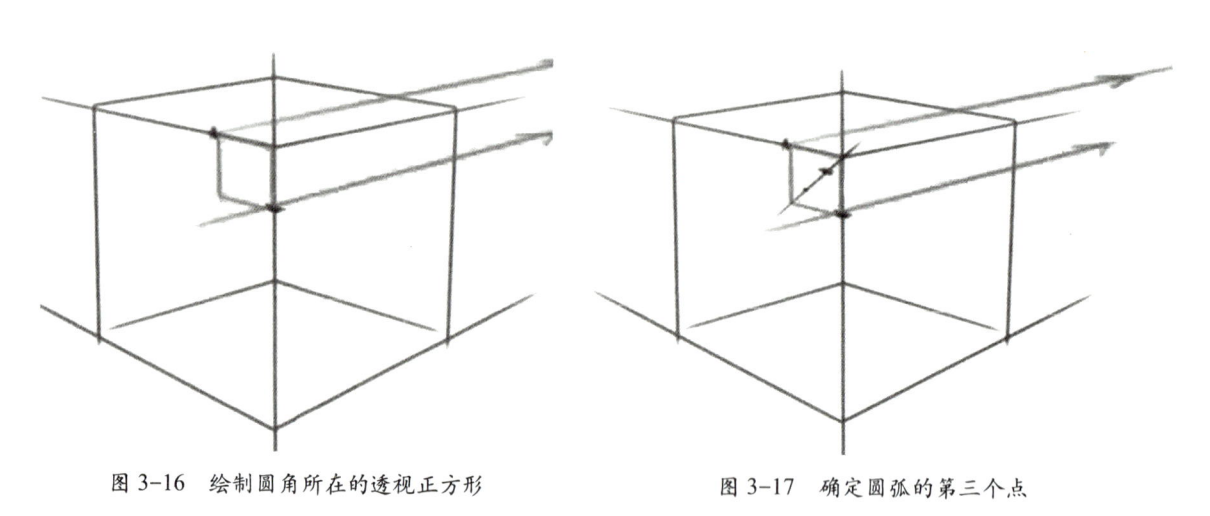

图 3-16 绘制圆角所在的透视正方形　　　图 3-17 确定圆弧的第三个点

步骤三：连接这三个点的圆弧，就是圆角（图3-18）。

步骤四：通过结构线，完成后面的圆弧，画平行圆弧即可（图3-19）。

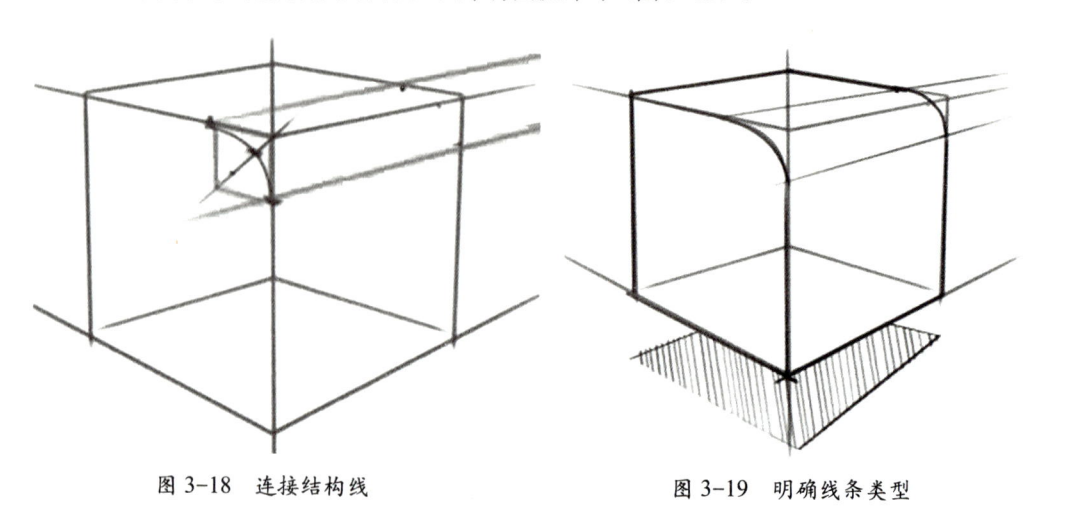

图 3-18 连接结构线　　　　　　　　　图 3-19 明确线条类型

任务二　R角的绘制

■ **工具准备**

A4纸张、0.25签字笔、0.5签字笔、双头勾线笔。

■ **任务分析**

图3-20所示为三个相邻的面同时被切角所形成的角结构。当倒角同时发生在立方体相邻的三个面时，就形成了R角结构，如图3-21所示。我们在绘制的时候尤其要注意结构线的保留。

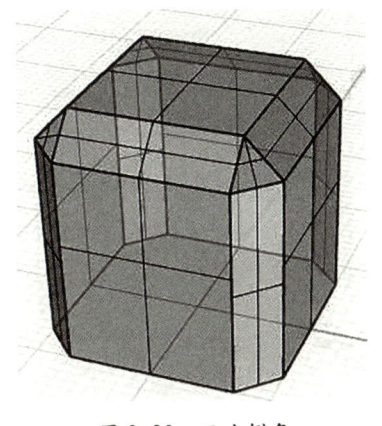

图3-20　三次倒角　　　　　图3-21　R角

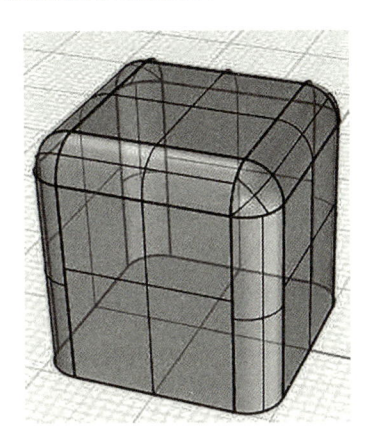

■ **任务实施**

子任务一　三次斜角绘制

步骤一：在45°立方体上对相邻的三条棱边进行切角，每个棱边用两条结构线进行裁切，注意顶面和侧面的透视关系，结构线两两相交，产生三个焦点（图3-22）。

步骤二：直线连接三个交点，即成二次倒角，注意两边的切角被遮住了，只能看到一半，因此三角形较小（图3-23）。

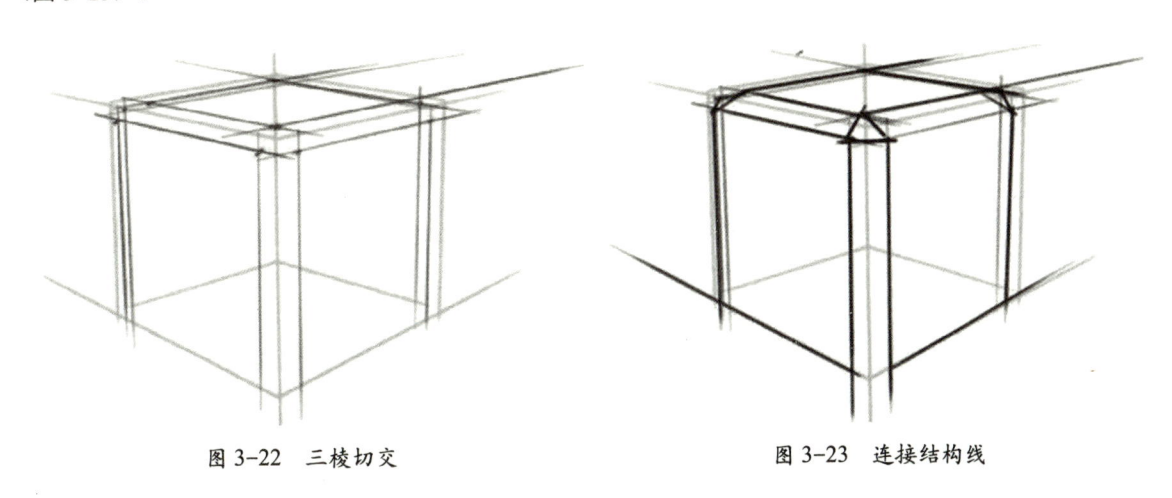

图3-22　三棱切交　　　　　图3-23　连接结构线

步骤三：连接下顶角，明确线条类型（图3-24）。

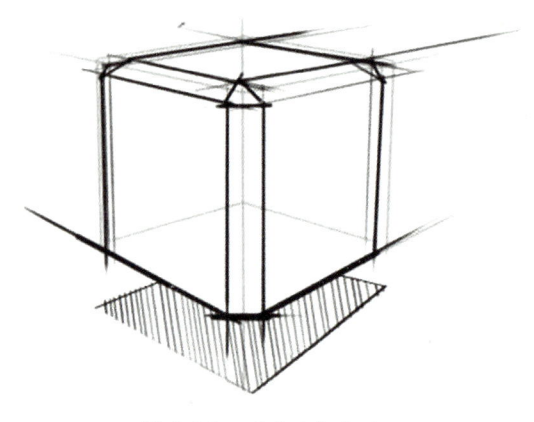

图 3-24 明确线条类型 1

子任务二　R角绘制

步骤一：在45°立方体上对相邻的三条棱边进行切角，每个棱边用两条结构线进行裁切，注意顶面和侧面的透视关系，结构线两两相交，产生三个焦点（图3-25）。

步骤二：圆弧连接三个交点，即成二次倒圆角，注意两边的圆角会产生第三个圆弧，需要补面（图3-26）。

步骤三：连接底边圆弧，明确线条类型（图3-27）。

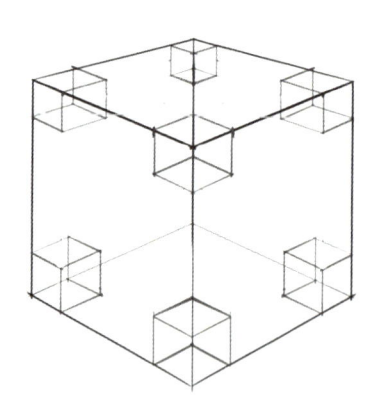

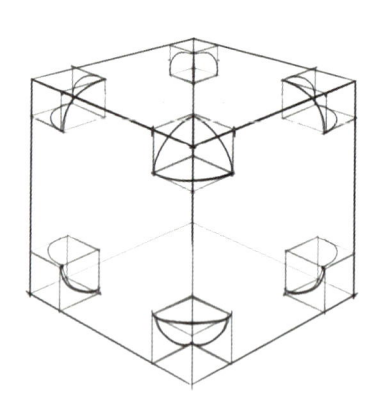

图 3-25 切角　　　　　　　　图 3-26 连接圆角

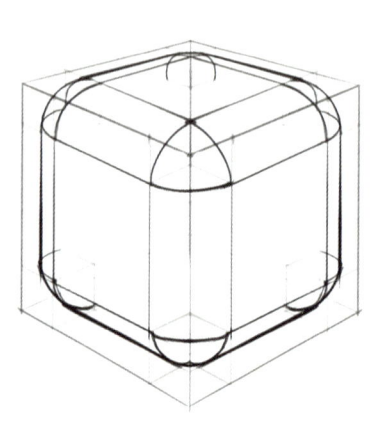

图 3-27 连接圆角结构线，补齐轮廓线

视频：R角绘制

■ 你学会了吗？

请用下面的评价表来评一评吧，获得的星星越多，表示你掌握得越好，不足的地方可以看技巧梳理，通过技巧的提示可以更好地掌握绘制的秘诀，多练习，才有提升。

具体要求		评价标准				技巧梳理
		完成情况（请对照具体要求，在符合情况的框内打"√"，单选）				
1	倒角	角结构线完整，倒角饱满	角结构线缺损，倒角不饱满	角结构线缺损，且透视错误	角结构不符合近大远小的视觉原则	1.绘制圆弧，取方形对角线2/3点作为参考，能画出饱满的圆弧。2.圆角结构线要表示出来
		☆☆☆☆□	☆☆☆□	☆☆□	☆□	
2	线条	线条流畅	有断线	线条较多	线条不流畅	绘制圆线条时，手腕和手臂一起动，并做肌肉记忆
		☆☆☆☆□	☆☆☆□	☆☆□	☆□	

》 中阶任务 《

任务三 复印机绘制

视频：复印机平面图绘制

视频：复印机45°立体图绘制

视频：复印机背面角度绘制

视频：复印机一点透视绘制

视频：复印机仰视角度绘制

视频：复印机细节绘制

■ 工具准备

A4 纸张、399 黑色彩铅、双头勾线笔。

■ 任务分析

复印机如图 3-1 所示。立方体结构进行角的变化，可以产生丰富的产品造型。图 3-1 所示的复印机造型包含了一次圆角的结构，外形方正，较能巩固学生的透视和线条能力。在表达的时候，充分利用线条的粗细来进行分割。绘制的时候需要两点透视、线条、倒角知识技巧的综合运用。其中细节部分需要观察仔细，尤其在侧面的栅格设计，需要同学们耐心细致，既要画出体积感，又要符合整体的透视规律。同时，复印机也是工业设计产品制造中外壳设计的一种典型形式，掌握好它的造型绘制，有利于后期多圆角绘制。

■ 任务实施

步骤一：绘制一个 45°俯视圆角立方体（图 3-28）。

步骤二：画出剖面线（图 3-29）。

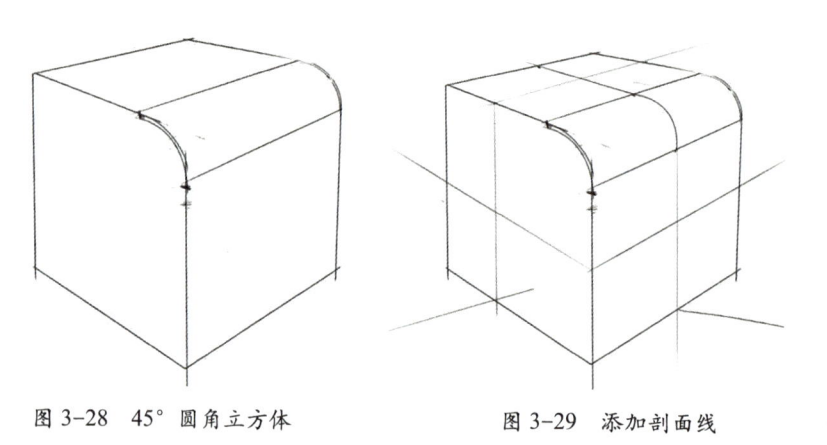

图 3-28　45°圆角立方体　　　　图 3-29　添加剖面线

素材：复印机三维模型

步骤三：对立方体进行分型，绘制出壳体分型和凹凸结构，注意所有的切口要和整体透视保持一致，且在剖面线基础上进行（图 3-30）。

步骤四：明确线条类型（图 3-31）。

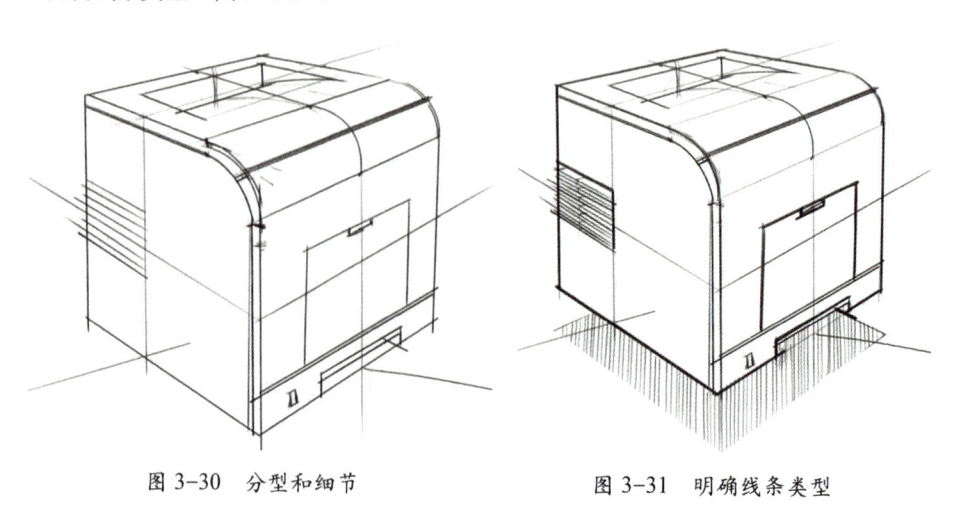

图 3-30　分型和细节　　　　图 3-31　明确线条类型

■ 你学会了吗？

请用下面的评价表来评一评吧，获得的星星越多，表示你掌握得越好，不足的地方可以看技巧梳理，通过技巧的提示可以更好地掌握绘制的秘诀，多练习，才有提升。

具体要求		评价标准				技巧梳理
		完成情况（请对照具体要求，在符合情况的框内打"√"，单选）				
1	透视	透视符合近大远小的视觉原理	透视基本符合近大远小的视觉原理，透视错2处	透视基本符合近大远小的视觉原理，错5处以内	透视错5处以上	统一方向的消失线相互观察处理，最终交于一点。注意变线的长度
		☆☆☆☆□	☆☆☆□	☆☆□	☆□	
2	线条	线条流畅，类型分明	有断线，类型分明	线条较多，类型不清	线条不流畅，断断续续	绘制线条时，手腕和手臂一起动，并做肌肉记忆
		☆☆☆☆□	☆☆☆□	☆☆□	☆□	
3	结构	圆角结构明确，细节完整	圆角结构清晰，分型不清楚	圆角结构欠清晰，分型不清楚	圆角结构一般，分型错误	1.绘制圆弧时，可以将纸张转到一个合适的角度，能画出饱满的圆弧。2.分型线一定要基于剖面线来完成
		☆☆☆☆□	☆☆☆□	☆☆□	☆□	

» 高阶任务 «

任务四　老年手机多角度绘制

■ 工具准备

A4纸张、0.25和0.5签字笔、双头勾线笔。

■ 任务分析

老年手机如图3-2所示。理解了倒角形体的角的结构组成之后，我们可以知道线的来龙去脉，怎样让线从一个面到另一个面、一个面到一个角、一个角到另一个角的连接和转折关系。老年手机产品是一个由多种圆角构成的方体造型，从整体闭合状态看，是一个具有整体R角状态的形体，只需要对侧面进行分割即可获得使用形体；从打开状态看，又伴有一次圆角的结构，从壳盖面R角延伸到手机操作面板的一次圆角，其中的圆角结构线尤其需要观察仔细、整理清晰。

■ 任务实施

子任务一　老年手机翻开角度绘制

步骤一：绘制出展开的基本透视结构，其由两个长方体构成，同时绘制出转轴结构（图 3-32）。

步骤二：绘制出侧面，注意圆角部分的结构线（图 3-33）。

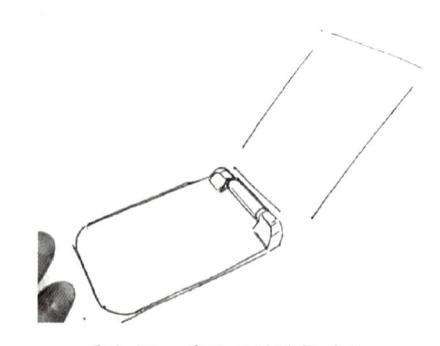

图 3-32　展开面的透视关系

图 3-33　绘制侧面

视频：老年手机翻开角度绘制

步骤三：绘制完整的铰链结构（图 3-34）。

步骤四：绘制翻盖的侧面倒角（图 3-35）。

图 3-34　绘制铰链结构

图 3-35　绘制翻盖侧面结构

步骤五：绘制屏幕部分（图 3-36）。

步骤六：绘制屏幕细节部分，注意剖面线的运用，有利于检查细节定位的准确性（图 3-37）。

图 3-36　绘制屏幕

图 3-37　绘制屏幕细节

步骤七：以剖面线为参照，绘制按钮等细节（图 3-38）。

步骤八：明确线条类型（图 3-39）。

图 3-38 绘制细节　　　　图 3-39 明确线条类型

视频：老年手机微开角度绘制

子任务二　老年手机微开角度绘制

步骤一：绘制顶盖的俯视图（图 3-40）。

步骤二：绘制出侧面，注意圆角的结构表现（图 3-41）。

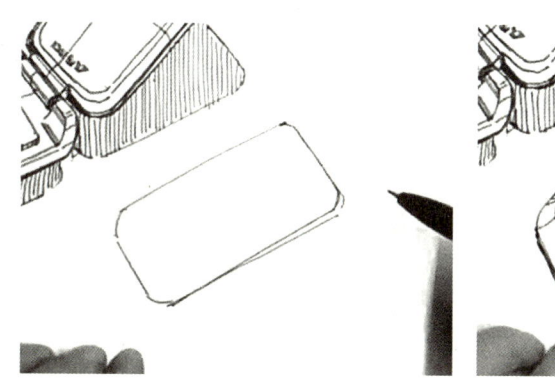

图 3-40 确定角度　　　　图 3-41 绘制侧面

步骤三：根据剖面线绘制出顶盖细节（图 3-42）。

步骤四：绘制出铰链结构（图 3-43）。

图 3-42 绘制顶盖细节　　　　图 3-43 绘制铰链结构

步骤五：绘制出底壳（图 3-44）。

步骤六：绘制细节，明确线条类型（图 3-45）。

图 3-44 绘制底壳　　　　　　图 3-45 绘制细节和明确线条类型

子任务三　老年手机背面角度绘制

步骤一：绘制顶盖的俯视图（图 3-46）。
步骤二：绘制出上盖的厚度（图 3-47）。

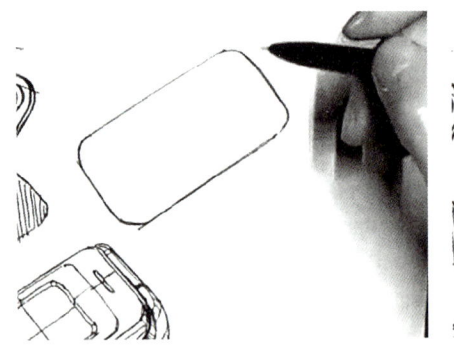

图 3-46 确定角度　　　　　　图 3-47 绘制上盖厚度

步骤三：绘制出下盖的厚度，添加剖面线（图 3-48）。
步骤四：根据剖面线定位，绘制出细节，明确线条类型（图 3-49）。

视频：老年手机背面角度绘制

图 3-48 添加剖面线　　　　　　图 3-49 绘制细节和明确线条类型

构图参考如图 3-50 所示。

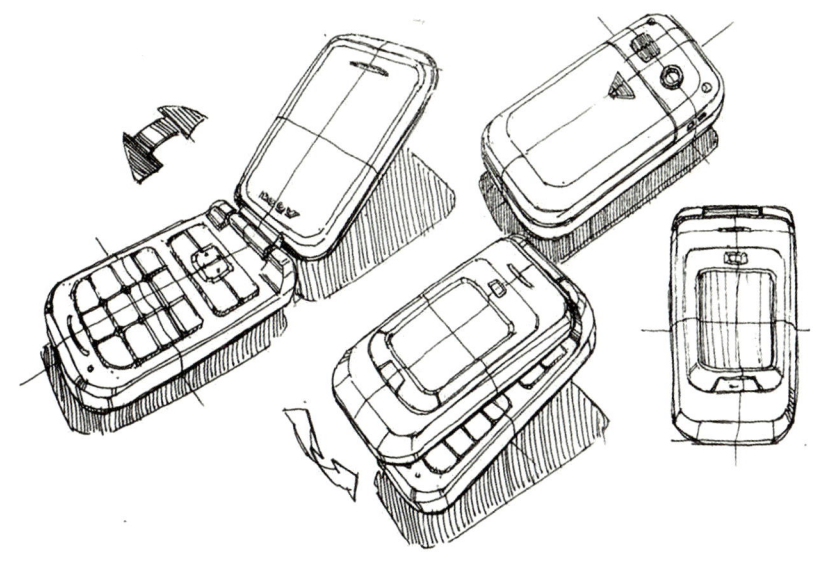

图 3-50 构图参考

你学会了吗？

请用下面的评价表来评一评吧，获得的星星越多，表示你掌握得越好，不足的地方可以看技巧梳理，通过技巧的提示可以更好地掌握绘制的秘诀，多练习，才有提升。

	具体要求	评价标准				技巧梳理
		完成情况（请对照具体要求，在符合情况的框内打"√"，单选）				
1	透视	透视符合近大远小的视觉原理 ☆☆☆☆□	透视基本符合近大远小的视觉原理，错1或2处 ☆☆☆□	透视基本符合近大远小的视觉原理，错5处以内 ☆☆□	透视错5处以上 ☆□	统一方向的消失线相互观察处理，最终交于一点。注意变线
2	线条	线条流畅，类型分明 ☆☆☆☆□	有断线，类型分明 ☆☆☆□	线条较多，类型不清 ☆☆□	线条不流畅，断断续续 ☆□	绘制线条时，手腕和手臂一起动，并做肌肉记忆
3	角结构	圆角结构明确，细节完整 ☆☆☆☆□	圆角结构清晰，分型不清楚 ☆☆☆□	圆角结构不清晰，分型不清楚 ☆☆□	圆角结构错误，分型错误 ☆□	1.绘制圆弧时，可以将纸张转到一个合适的角度，能画出饱满的圆弧。2.分型线一定要基于剖面线来完成
4	构图	主次分明、有细节，饱满且均衡 ☆☆☆☆□	主次分明、均衡，且留有1个立体角度的空位 ☆☆☆□	主次不分明，但均衡，且留有1个立体角度的空位 ☆☆□	主次不分明，不饱满 ☆□	先在纸张上确定主图立体角度，再穿插其他。主图一般处在黄金位置

》 拓展任务 《

任务五 电子产品多角度表现

电子产品如图 3-3 所示,多角度绘制范画如图 3-51 所示。

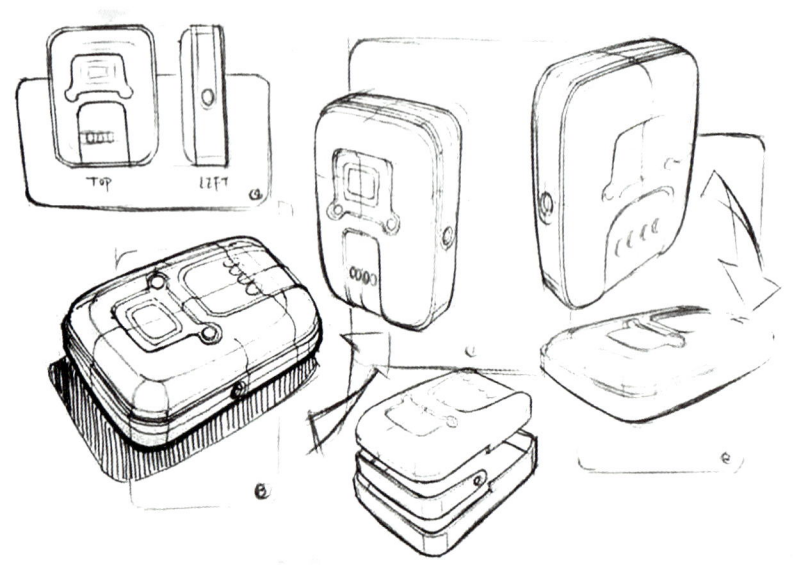

图 3-51 电子产品多角度绘制范画

视频:电子产品多角度表现

■ 你掌握得如何?

请将完成的作品和范画进行比对,用下面的量表来自我评价一下吧,获得的星星越多,表示你掌握得越好,不足的地方需要回到本项目前几个任务中梳理技巧,通过技巧的提示可以更好地掌握绘制的秘诀。希望同学们能够不懈努力,做到最好!

评价量表							
项目		具体内容	非常好	较好	一般	有错误	还需努力
1	线条	流畅度	☆☆☆☆☆□	☆☆☆☆□	☆☆☆□	☆☆□	☆□
		线条类型	☆☆☆☆☆□	☆☆☆☆□	☆☆☆□	☆☆□	☆□
2	透视	近大远小	☆☆☆☆☆□	☆☆☆☆□	☆☆☆□	☆☆□	☆□
3	形体	比例尺度	☆☆☆☆☆□	☆☆☆☆□	☆☆☆□	☆☆□	☆□
		结构分型	☆☆☆☆☆□	☆☆☆☆□	☆☆☆□	☆☆□	☆□
		体积感	☆☆☆☆☆□	☆☆☆☆□	☆☆☆□	☆☆□	☆□
4	构图	饱满度	☆☆☆☆☆□	☆☆☆☆□	☆☆☆□	☆☆□	☆□
5	用时	少于 60 min	☆☆☆☆☆□	☆☆☆☆□	☆☆☆□	☆☆□	☆□

项目四 曲面体产品绘制

项目分析

曲面体产品是指由自由曲面或规则曲面构成的产品形体（图4-1～图4-4）。曲面体产品可以归纳为三种基本类型，即曲面、曲面放样、曲面嵌面产品。首先，曲面产品（图4-5）是由曲线挤压（拉伸）出的形体，在纵深空间中，由一个方向的曲线透视（红色线）和一个方向的直线透视（绿色线）构成。由于曲面产品仅对一个面进行弯曲制造然后进行裁切，生产工艺较为简单，因此是常见型材类产品的典型造型。

图4-1　多功能纸巾架　　　图4-2　手持吸尘器　　　图4-3　鼠标

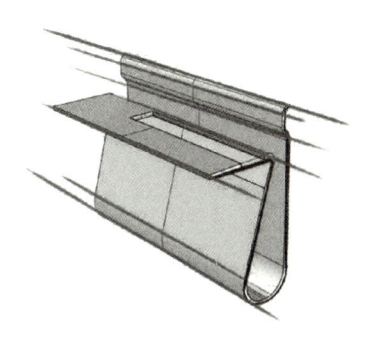

图4-4　角磨机　　　图4-5　曲面产品的结构

其次，曲面体产品是由两个以上的曲面构成的形体，需要进行两个维度的曲线透视。这里根据Rhino建模的要求，对曲面体的类型归纳为两种：以手持吸尘器为代表的，横截面＋轨道曲线的放样曲面体造型手法（图4-6）；以鼠标为代表的嵌面曲面体造型手法（图4-7）。

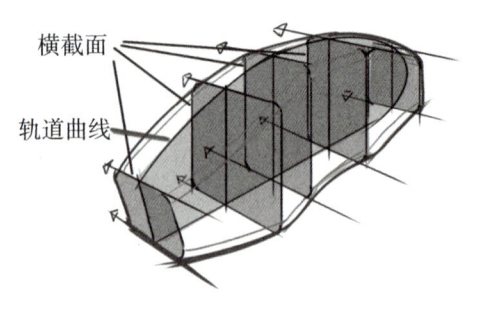

图 4-6　放样曲面体结构

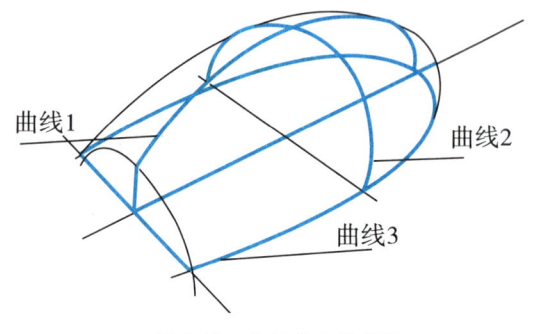

图 4-7　嵌面曲面体结构

其中曲面放样造型方法曲面的连接可以通过圆角的结构点来完成，只需要点到点的直线或缓和的长曲线连接即可，较好把握；而曲面嵌面的造型，则需要在横截面和竖截面一起建立的空间中补上轮廓线，这条轮廓线是曲线，它的曲度需要绘制者主观控制，根据对象的凸出程度，完成曲度，并且和两个截面相切，较难控制，需要多练习。

学习目标

知识目标

认识曲线透视；理解曲线透视原理；掌握曲线透视的绘制方法；能进行曲面产品的绘制。

能力目标

会辨识曲面产品；能绘制不同曲线透视下的曲面产品。

素养目标

养成对曲线透视的观察习惯和科学严谨的绘图意识；培育精益求精的工匠精神。

课件：曲面体产品绘制

任务清单

项目四　曲面体产品绘制

学习阶段	任务细分	重难点	学习建议
初阶任务	任务一　曲线绘制 任务二　曲线透视绘制	曲度、曲线透视	课前任务
中阶任务	任务三　多功能纸巾架绘制	曲线透视和拉伸 曲线多角度透视	课中任务
高阶任务	任务四　手持吸尘器多角度绘制 任务五　鼠标多角度绘制	放样曲面造型 嵌面曲面造型	
拓展任务	任务六　桌子多角度表现 任务七　往复式剃须刀多角度表现 任务八　角磨机多角度表现	高级曲面	课后任务

》 初阶任务 《

任务一　曲线绘制

■ **工具准备**

A4 纸张、399 黑色彩铅。

■ **任务分析**

曲线绘制需要注意意在笔先，养成肌肉记忆。任何曲线都有曲率，在绘制时要注意曲线整体的曲率，然后着眼整体去画。画不准可以多画几次，直到准确，线条一定要保持流畅，且画长的曲线线条。

■ **任务实施**

步骤一：绘制任意点，注意这些点应该是曲线曲度变化的关键位置（图4-8）。

图 4-8　曲线的关键点

步骤二：观察所有点，在脑海里形成整体曲线状态，然后在点之间做绘制线条的动态姿势，进行肌肉记忆（图4-9）。

图 4-9　进行肌肉记忆

步骤三：抓准时机，穿过点画出肯定的线条，多画几条（图4-10）。

图 4-10　穿过点画线

你学会了吗？

请用下面的评价表来评一评吧，获得的星星越多，表示你掌握得越好，不足的地方可以看技巧梳理，通过技巧的提示可以更好地掌握绘制的秘诀，多练习，才有提升。

具体要求		评价标准			技巧梳理
		完成情况（请对照具体要求，在符合情况的框内打"√"，单选）			
1	曲线绘制	全部穿过点	漏了1个点	有一半没穿过点	完全对不准点	1. 意在笔先，笔未到，意先到； 2. 线条尽可能画长一点； 3. 绘制线条时，手腕和手臂一起动，并做肌肉记忆
		☆☆☆☆□	☆☆☆□	☆☆□	☆□	
2	线条饱满度	线条光滑、流畅饱满	线条流畅但是由很多条线组成的	线条有接口，不流畅	线条断断续续	
		☆☆☆☆□	☆☆☆□	☆☆□	☆□	

任务二　曲线透视绘制

■ 工具准备

A4纸张、0.5签字笔。

■ 任务分析

曲线透视是透视中非常重要的内容，也是以后做好曲面类产品造型的关键技术。曲线透视需要在熟练掌握曲线绘制和直线透视的基础上进行。曲线的绘制要流畅；方形透视要标准，缺一不可，任何一个错误都将导致曲线透视失败。

■ 任务实施

步骤一：绘制任意S形曲线（图4-11）。

步骤二：在曲线上划分等分格子线，并在曲线和格子线交叉处标注关键点（图4-12）。

图4-11　S形曲线　　　　图4-12　等分格子

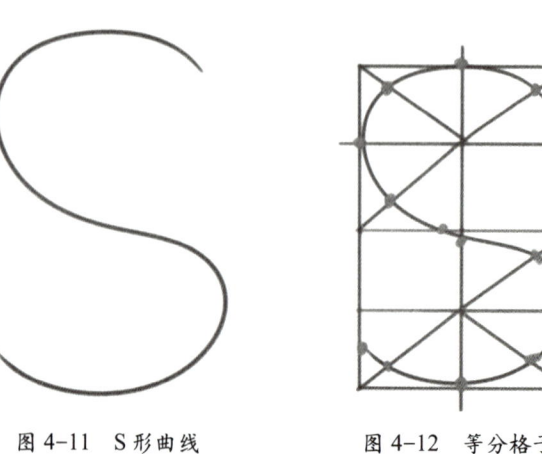

视频：简单曲线透视

视频：复杂曲线透视

步骤三：绘制出格子的透视关系（图4-13）。
步骤四：在透视格子线上找到对应的关键点（图4-14）。
步骤五：连接关键点，曲线透视完成（图4-15）。

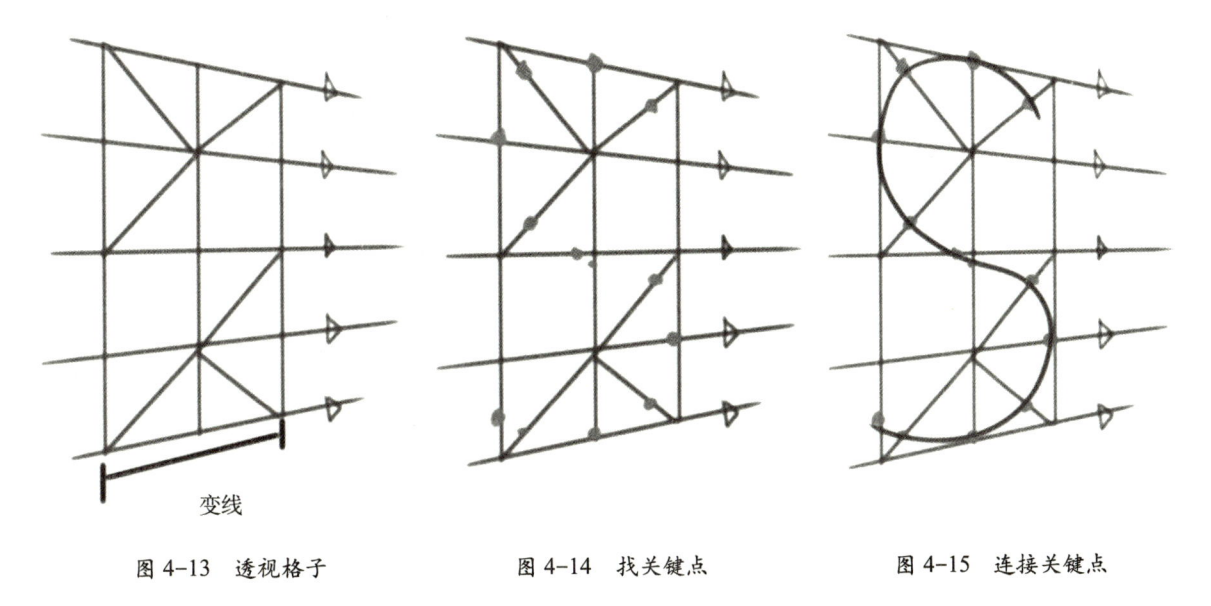

变线

图4-13 透视格子　　　　图4-14 找关键点　　　　图4-15 连接关键点

■ 你学会了吗？

请用下面的评价表来评一评吧，获得的星星越多，表示你掌握得越好，不足的地方可以看技巧梳理，通过技巧的提示可以更好地掌握绘制的秘诀，多练习，才有提升。

具体要求	评价标准 完成情况（请对照具体要求，在符合情况的框内打"√"，单选）				技巧梳理
1 曲线绘制	全部穿过点 ☆☆☆☆□	漏了1个点 ☆☆☆□	大多没穿过点 ☆☆□	完全对不准点 ☆□	绘制曲线时，手腕和手臂一起动，并做肌肉记忆
2 线条饱满度	线条光滑、流畅饱满 ☆☆☆☆□	线条流畅，但是由多条线组成的 ☆☆☆□	线条有接口，不流畅 ☆☆□	线条断断续续 ☆□	在绘制透视格子时，注意近大远小的视觉原理，等分线段注意渐次变化
3 透视	变线准确，等分格子在透视时从前往后变小 ☆☆☆☆□	变线准确，等分格子透视变化小 ☆☆☆□	变线过短，等分格子透视变化太大 ☆☆□	变线过长，等分格子透视变化错误 ☆□	根据方格对角线来确定格子中间的关键点

57

》 中阶任务 《

任务三　多功能纸巾架绘制

■ **工具准备**

A4 纸张、399 黑色彩铅、双头勾线笔。

■ **任务分析**

多功能纸巾架如图 4-1 所示。多功能纸巾架是由一个曲线透视加一个直线透视构成的曲面产品。在绘制时注意曲面的厚度。多角度绘制的技术关键在于，根据曲线透视的不同角度，可以推演出该产品的不同立体角度。

■ **任务实施**

步骤一：绘制平面图，注意厚度（图 4-16）。
步骤二：在曲线上绘制等分格子线（图 4-17）。
步骤三：透视等分格子线，并在等分格子线上找到对应的关键点（图 4-18）。
步骤四：连接关键点（图 4-19）。
步骤五：通过关键点拉伸曲线（图 4-20）。

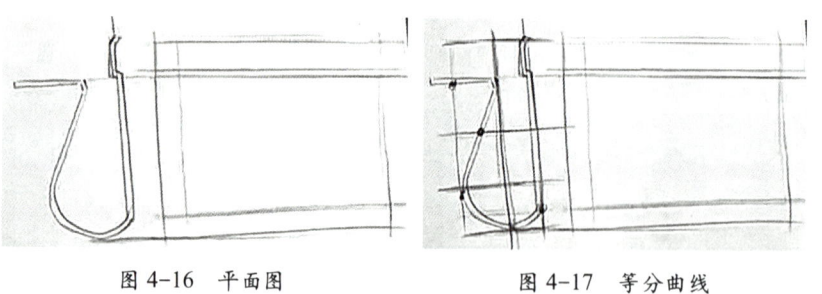

图 4-16　平面图　　图 4-17　等分曲线

视频：多功能纸巾架绘制

图 4-18　确定关键点 　　图 4-19　连接关键点 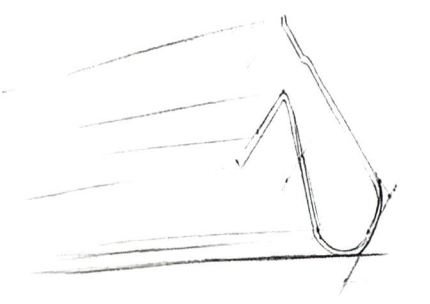　　图 4-20　挤出拉伸曲线形成面

素材：多功能纸巾架三维模型

步骤六：按比例切出长度（图 4-21）。
步骤七：明确线条类型（图 4-22）。

58

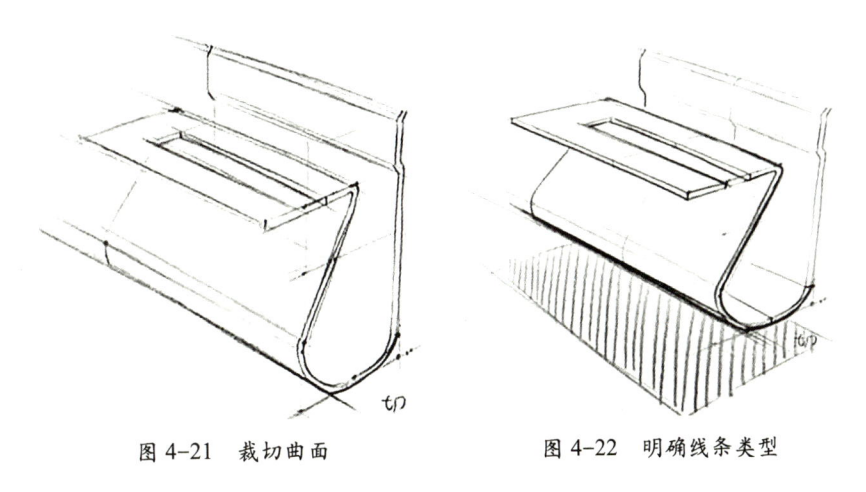

图 4-21　裁切曲面　　　　　图 4-22　明确线条类型

步骤八：根据曲线透视的不同角度，绘制出其他任意立体角度（图 4-23）。

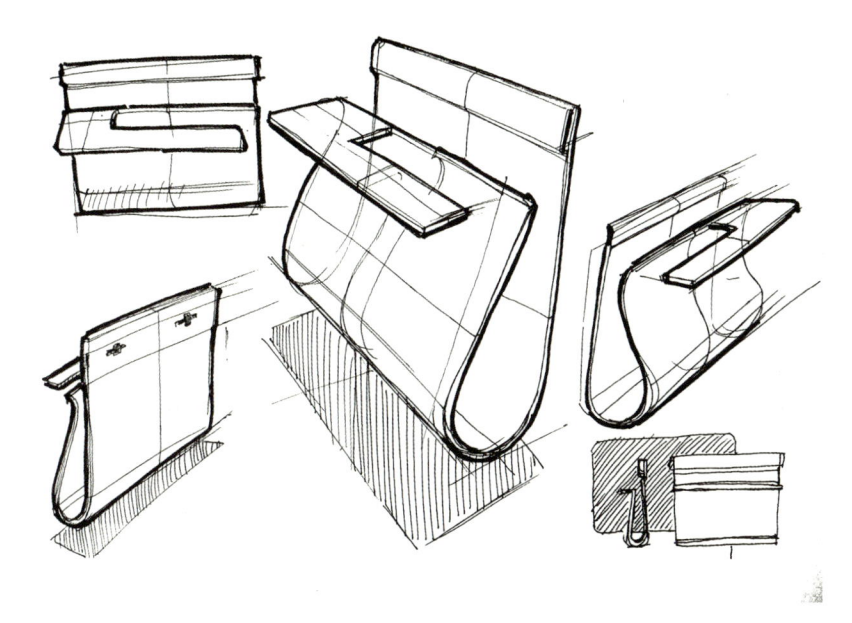

图 4-23　多角度表现

■ 你学会了吗？

请用下面的评价表来评一评吧，获得的星星越多，表示你掌握得越好，不足的地方可以看技巧梳理，通过技巧的提示可以更好地掌握绘制的秘诀，多练习，才有提升。

具体要求		评价标准				技巧梳理
		完成情况（请对照具体要求，在符合情况的框内打"√"，单选）				
1	透视	透视符合近大远小的视觉原理	透视基本符合近大远小的视觉原理，错1或2处	透视基本符合近大远小的视觉原理，错5处以内	透视错5处以上	统一方向的消失线相互观察处理，最终交于一点。注意变线
		☆☆☆☆□	☆☆☆□	☆☆□	☆□	
2	线条	曲线流畅饱满，类型分明	有断线，类型分明	线条较多，类型不清	线条不流畅，断断续续	绘制线条时，手腕和手臂一起动，并做肌肉记忆
		☆☆☆☆□	☆☆☆□	☆☆□	☆□	
3	结构	曲面明确、有厚度，细节完整。	曲面结构有厚度，细节不完整	曲面结构没有厚度，缺少细节	曲面结构没有厚度和细节	曲面的厚度用平行曲线绘制，线条尽量细一些，再用轮廓线勾勒
		☆☆☆☆□	☆☆☆□	☆☆□	☆□	
4	构图	主次分明、有细节，饱满且均衡	主次分明、均衡，且留有1个立体角度的空位	主次不分明，但均衡，且留有1个立体角度的空位	主次不分明、不饱满	先在纸张确定主图立体角度，再穿插其他。主图一般处在黄金位置
		☆☆☆☆□	☆☆☆□	☆☆□	☆□	

» 高阶任务 «

任务四　手持吸尘器多角度绘制

■ 工具准备

A4纸张、399黑色彩铅。

■ 任务分析

手持吸尘器如图4-2所示。手持吸尘器是放样曲面造型法的典型案例，而放样造型需要两个关键要素——横截面和竖截面，由于横截面数量多且挂在竖截面上，由竖截面来引导横截面的位置和方向，类似轨道，所以竖截面又称为轨道线曲面层，也是产品形体竖向的剖面线构成部分。准确的曲线形状、尺寸及比例都要由曲面的平面图提供参考。本任务采用Rhino软件模型，从中获取平面图，辅助完成曲线透视和整体塑造。在横截面挂在轨道线上时，应考虑不同视图下形体比例变化的关键位置。

■ 任务实施

子任务一　　手持吸尘器平面图绘制

步骤一：根据三维模型，绘制出顶视图和侧视图，注意圆角结构线要表达出来（图4-24）。

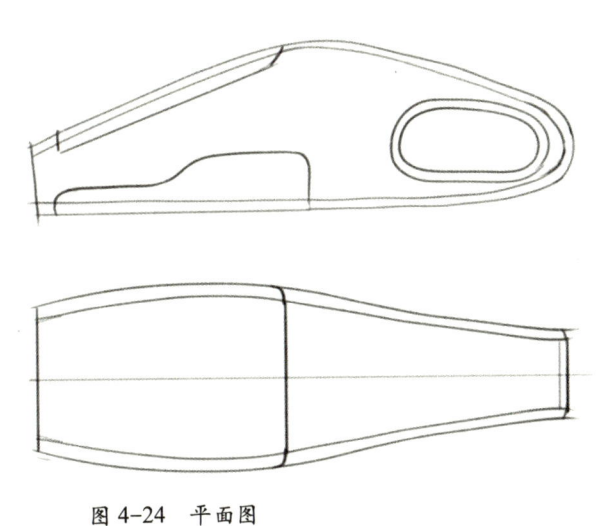

视频：手持吸尘器平面图绘制

素材：手持吸尘器三维模型

图4-24　平面图

步骤二：根据关键要素，通过两个视图（图4-25）推算出横截面的形状和大小（图4-26）。

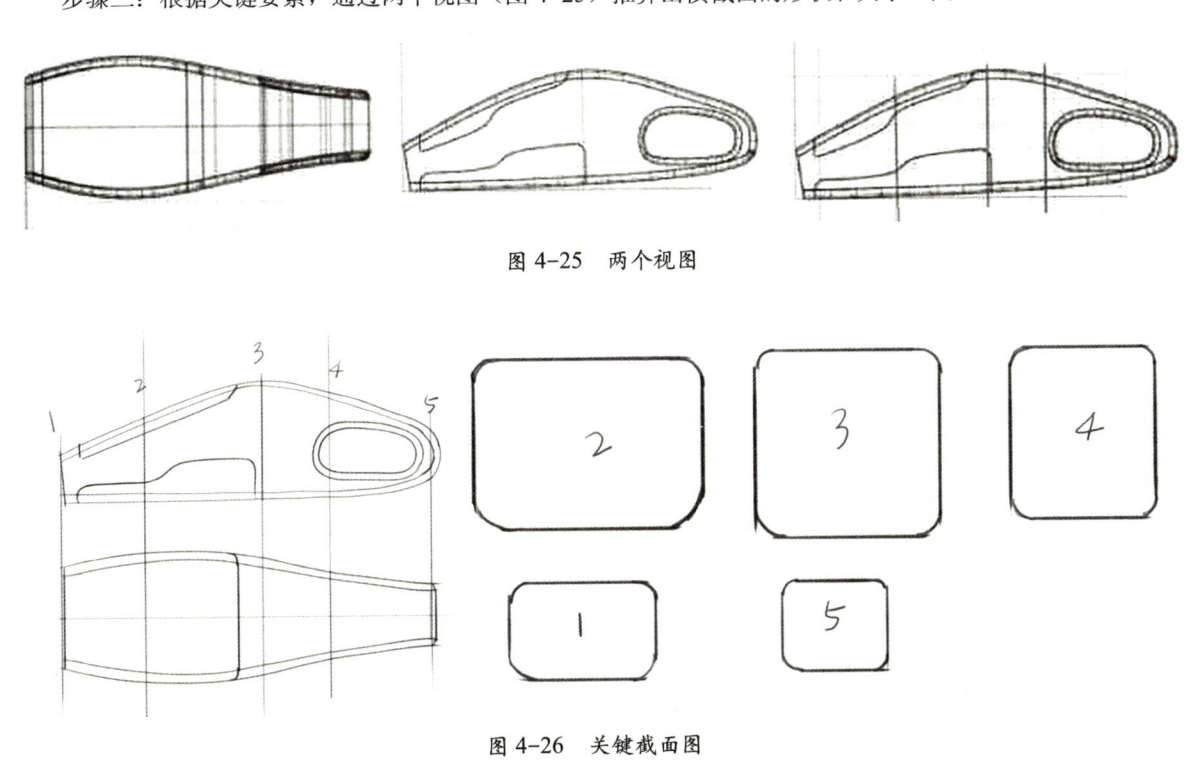

图4-25　两个视图

图4-26　关键截面图

■ 你学会了吗？

请用下面的评价表来评一评吧，获得的星星越多，表示你掌握得越好，不足的地方可以看技巧梳理，通过技巧的提示可以更好地掌握绘制的秘诀，多练习，才有提升。

61

具体要求		评价标准				技巧梳理
		完成情况（请对照具体要求，在符合情况的框内打"√"，单选）				
1	横截面	整体准确，横截面长宽比准确，两个视图位置正确	整体准确，横截面错1处	横截面错2处	横截面错3处以上	1. 顶视图和侧视图要上下左右对齐； 2. 横截面从侧视图和顶视图的关键位置获取尺寸，根据侧视图、顶视图最凸起的位置寻找； 3. 圆角结构线观察清楚，当在物体边缘时，圆角结构线其中一条被轮廓线遮挡
		☆☆☆☆□	☆☆☆□	☆☆□	☆□	
2	结构	圆角结构线准确	少画1条圆角结构线	少画2条圆角结构线	少画3条以上圆角结构线	
		☆☆☆☆□	☆☆☆□	☆☆□	☆□	

子任务二　手持吸尘器立体图绘制

■ **工具准备**

A4纸张、0.25签字笔、0.5签字笔、双头勾线笔。

■ **任务分析**

本任务将运用曲线透视来完成。手持吸尘器是由一个轨道线曲线层和若干个横截面层建构而成的，它们是交叉垂直的关系，在绘制的时候，还要注意垂直悬挂的横截面具有圆角，需要标出圆角结构点，以便后续进行整体连接。

■ **任务实施**

步骤一：绘制侧视图（轨道线曲线层）的透视，并标注出横截面所在的关键位置（图4-27）。

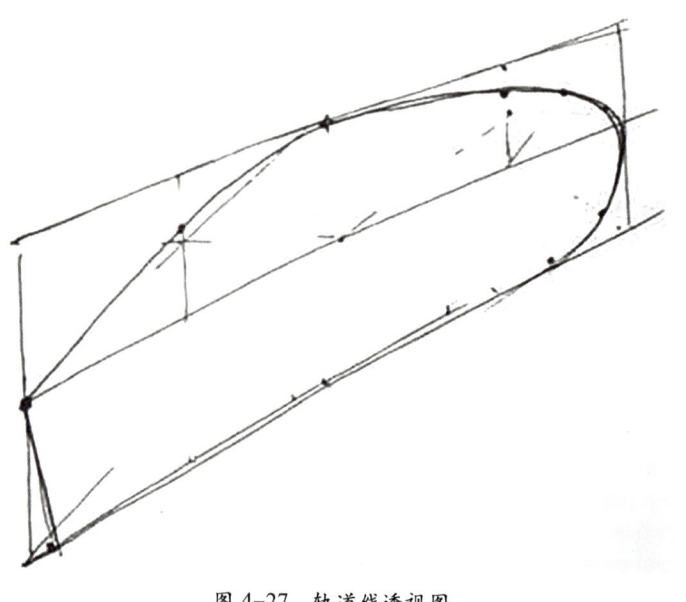

图4-27　轨道线透视图

视频：手持吸尘器角度1绘制

步骤二：将透视后的横截面挂到轨道线的关键点上，注意对称和平衡（图4-28）。

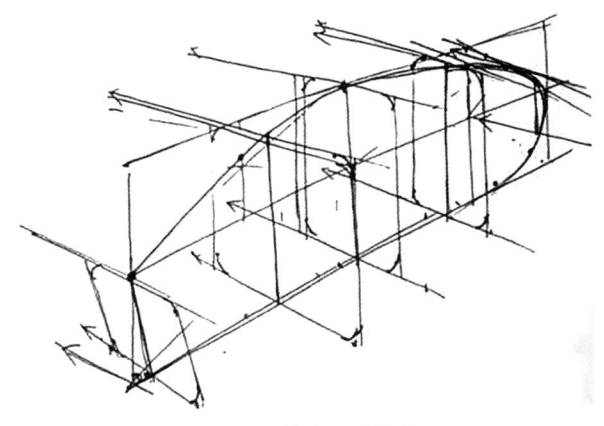

图 4-28　横截面透视图

步骤三：通过圆角点连接轮廓线和圆角结构线（图4-29）。

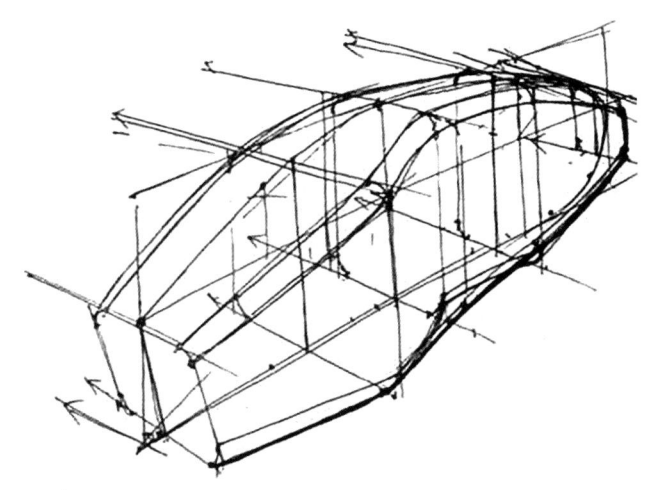

图 4-29　连接轮廓线和圆角结构线

步骤四：分型和细节刻画（图4-30）。

步骤五：明确线条类型（图4-31）。

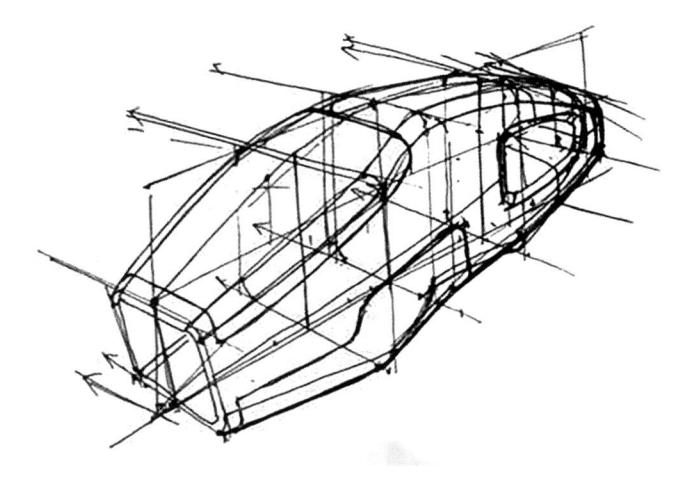

图 4-30　细节刻画

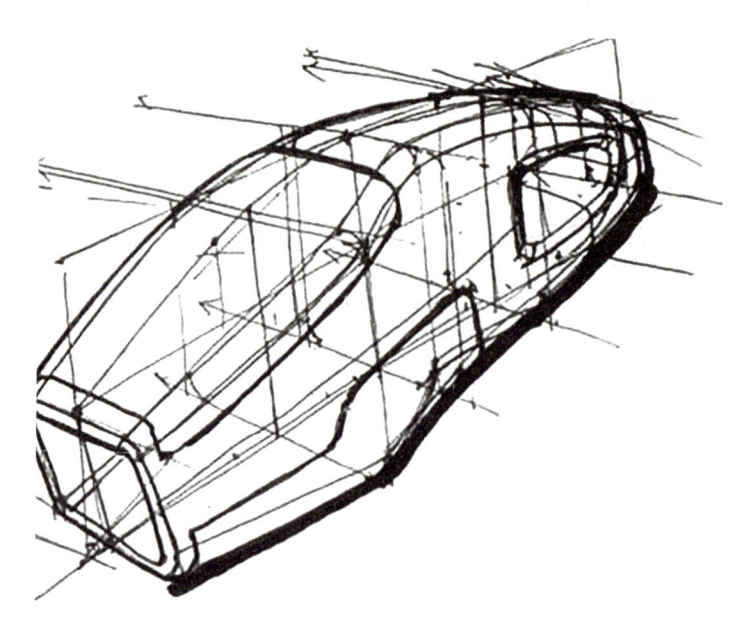

图 4-31 明确线条类型

步骤六：换一个角度进行绘制（图 4-32）。

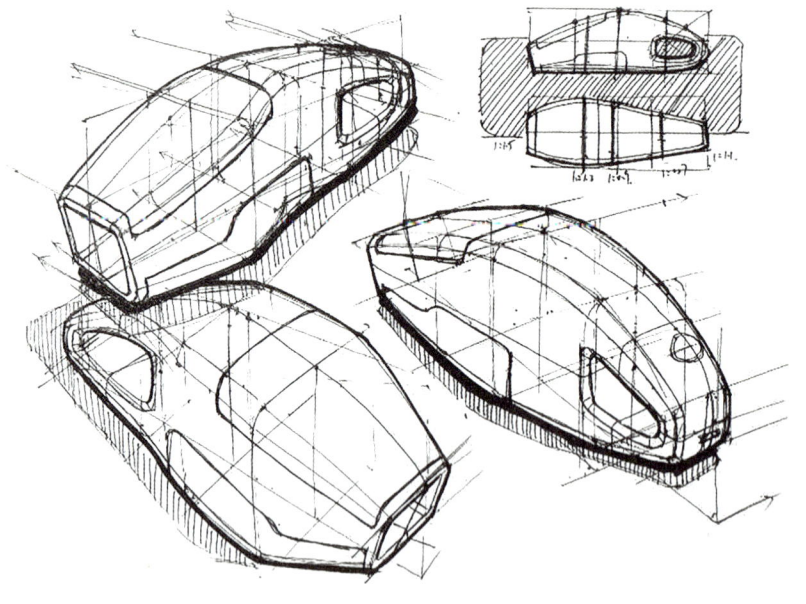

图 4-32 多角度表现

视频：手持吸尘器角度 2 绘制

视频：手持吸尘器角度 3 绘制

视频：轨道线和横截剖面组合

视频：挖孔部位的难点解决

■ 你学会了吗？

请用下面的评价表来评一评吧，获得的星星越多，表示你掌握得越好，不足的地方可以看技巧梳理，通过技巧的提示可以更好地掌握绘制的秘诀，多练习，才有提升。

具体要求	评价标准				技巧梳理
	完成情况（请对照具体要求，在符合情况的框内打"√"，单选）				
1 透视	透视符合近大远小的视觉原理	透视基本符合近大远小的视觉原理，错1或2处	透视基本符合近大远小的视觉原理，错5处以内	透视错5处以上	统一方向的消失线相互观察处理，最终交于一点。注意变线
	☆☆☆☆□	☆☆☆□	☆☆□	☆□	
2 线条	曲线流畅饱满，类型分明	有断线，类型分明	线条较多，类型不清	线条不流畅，断断续续	绘制线条时，手腕和手臂一起动，并做肌肉记忆
	☆☆☆☆□	☆☆☆□	☆☆□	☆□	
3 结构	剖面类型明确，圆角细节完整	剖面类型明确，圆角结构缺少细节	关键剖面位置错误，圆角结构缺少细节	关键剖面错误，没有圆角	根据平面图推算剖面的比例及放置的位置
	☆☆☆☆□	☆☆☆□	☆☆□	☆□	
4 构图	主次分明、有细节，饱满且均衡	主次分明且均衡，但留有1个立体角度的空位	主次不分明，但均衡，且留有1个立体角度的空位	主次不分明、不饱满	先在纸张上确定主图立体角度，再穿插其他。主图一般处在黄金位置
	☆☆☆☆□	☆☆☆□	☆☆□	☆□	

任务五 鼠标多角度绘制

■ 工具准备

A4纸张、399黑色彩铅、0.25签字笔、0.5签字笔、双头勾线笔。

■ 任务分析

鼠标如图4-3所示。鼠标是典型的曲线嵌面结构，由三种曲面相交构成，底面为曲面，中间为纵向剖面曲面和横向剖面曲面。在这三个曲面搭建的基础上，进行表面曲面的生成。通过平面图获得三个曲面的标准尺寸，然后进行曲线透视，并且组合，最终生成曲面体。

■ 任务实施

步骤一：按照比例绘制鼠标的平面图，借助三维模型，按标准绘制（图4-33）。

视频：鼠标角度1绘制

图 4-33 平面图

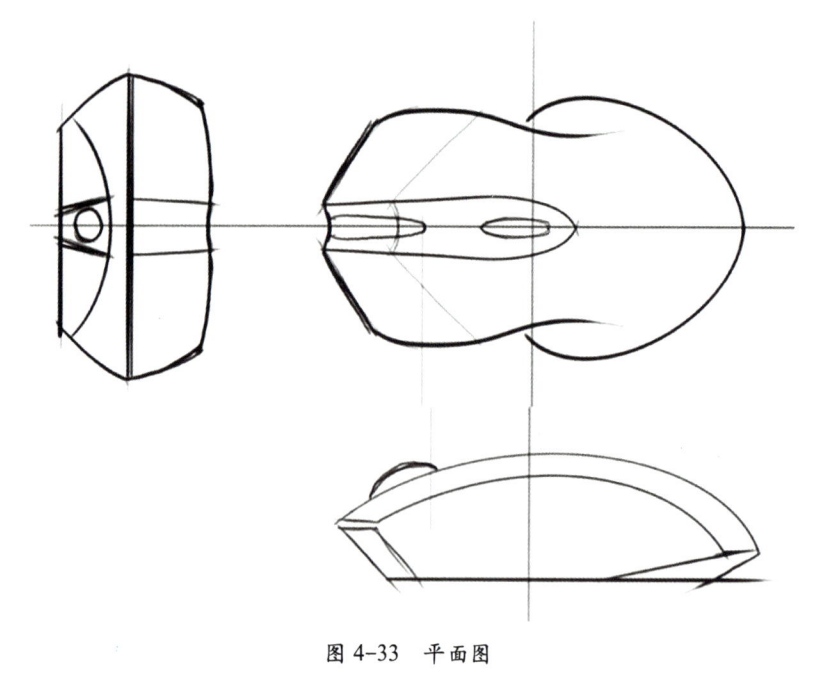

素材：鼠标三维模型

步骤二：绘制底面曲线透视（图 4-34）。

步骤三：绘制侧面曲线透视，注意两个面的垂直交叉关系（图 4-35）。

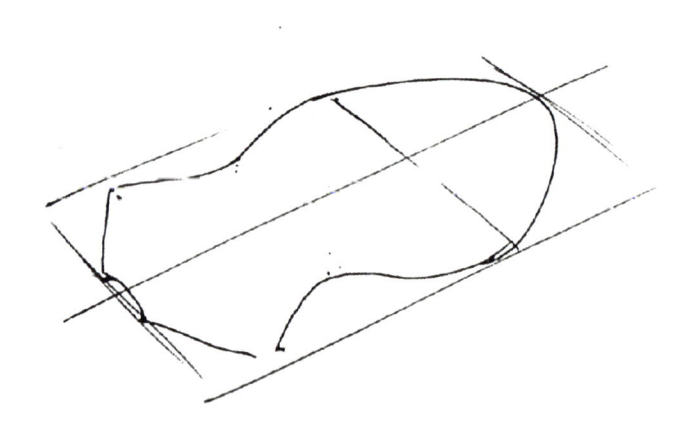

图 4-34 底面曲线透视

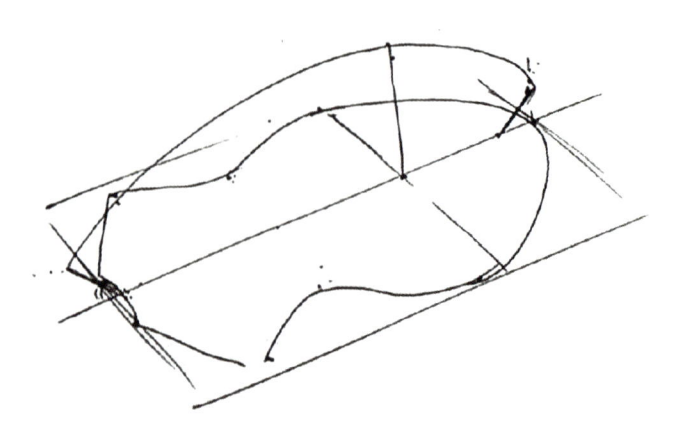

图 4-35 侧面曲线透视

步骤四：绘制出横截面曲线透视，注意与其他几个曲线透视的垂直交叉关系（图 4-36）。

步骤五：拉伸出前侧面（图 4-37）。

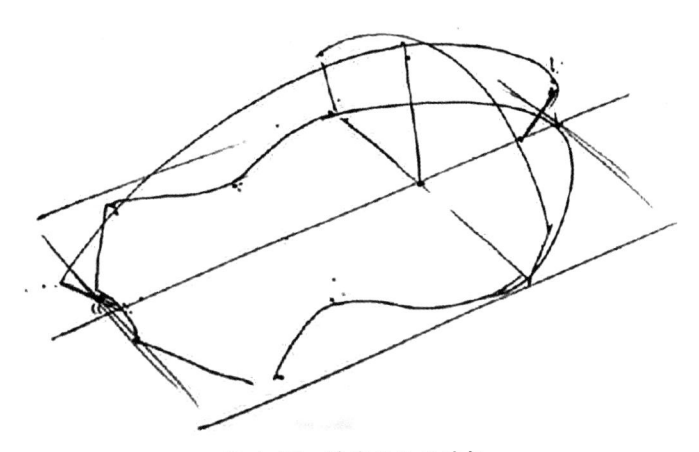

图 4-36 横截面曲线透视

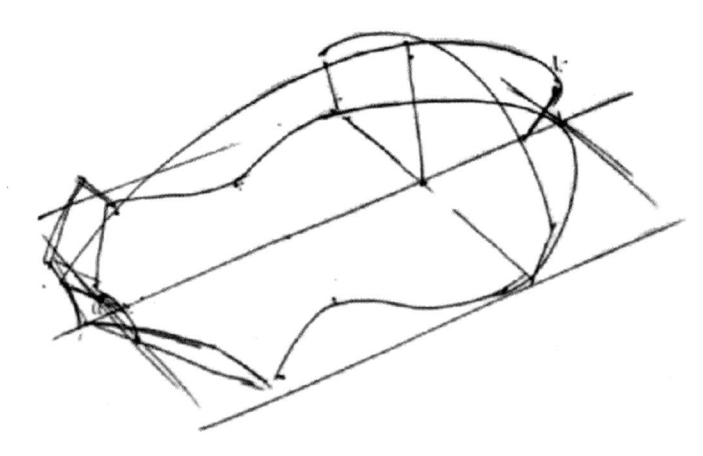

图 4-37 拉伸前侧面

步骤六：绘制出两边侧面，注意线条的穿梭位置（图 4-38）。

步骤七：完成嵌面（图 4-39）。

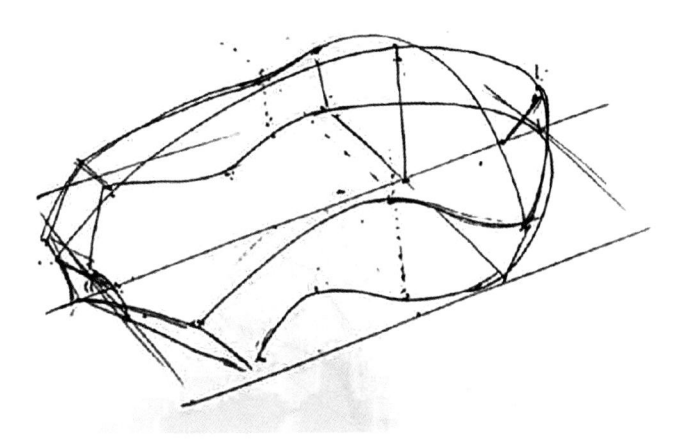

图 4-38 绘制侧面

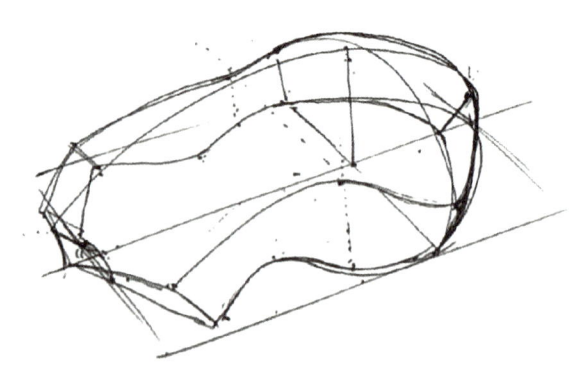

图 4-39 嵌面

步骤八：绘制细节，明确线条类型（图 4-40）。

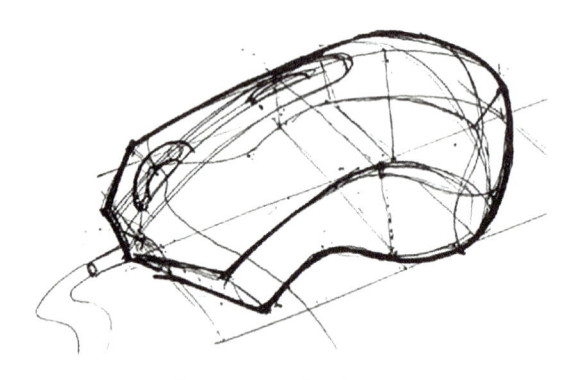

图 4-40 明确线条类型

步骤九：绘制其他角度透视图（图 4-41、图 4-42）。

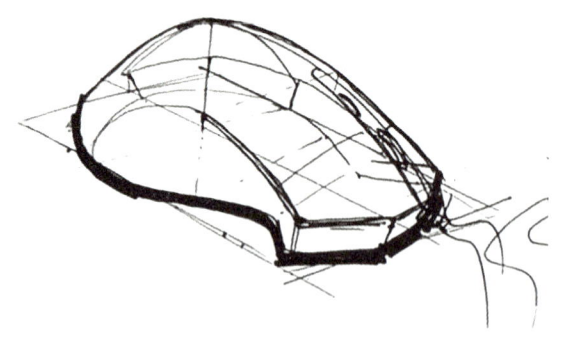

图 4-41 角度二

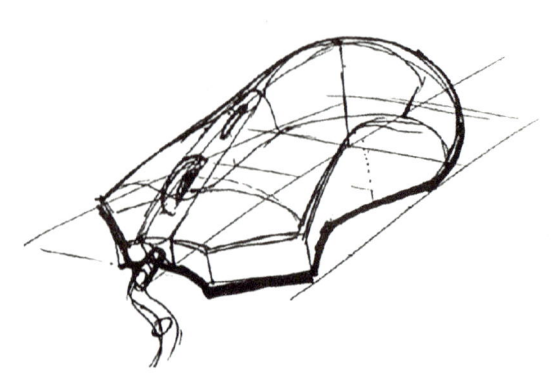

图 4-42 角度三

视频：鼠标角度 2 绘制

视频：鼠标角度 3 绘制

视频：鼠标角度 4 绘制

你学会了吗？

请用下面的评价表来评一评吧，获得的星星越多，表示你掌握得越好，不足的地方可以看技巧梳理，通过技巧的提示可以更好地掌握绘制的秘诀，多练习，才有提升。

具体要求		评价标准			技巧梳理
		完成情况（请对照具体要求，在符合情况的框内打"√"，单选）			
1	透视	透视符合近大远小的视觉原理	透视基本符合近大远小的视觉原理，错1或2处	透视基本符合近大远小的视觉原理，错5处以内	透视错5处以上	统一方向的消失线相互观察处理，最终交于一点。注意变线
		☆☆☆☆□	☆☆☆□	☆☆□	☆□	
2	线条	曲线流畅饱满，类型分明	有断线，类型分明	线条较多，类型不清	线条不流畅，断断续续	绘制线条时，手腕和手臂一起动，并做肌肉记忆
		☆☆☆☆□	☆☆☆□	☆☆□	☆□	
3	结构	剖面类型明确，凹凸细节完整	剖面类型明确，结构缺少细节	关键剖面位置错误，结构缺少细节	关键剖面错误，结构和原图不符	剖面的曲度和比例决定了整体的比例关系，要反复确认每一个曲面透视的准确度，以及它们之间的关系。将看不见的线尽可能多地画出来作为辅助参考
		☆☆☆☆□	☆☆☆□	☆☆□	☆□	
4	构图	主次分明、有细节，饱满且均衡	主次分明且均衡、但留有1个立体角度的空位	主次不分明，但均衡，且留有1个立体角度的空位	主次不分明、不饱满	先在纸张上确定主图立体角度，再穿插其他。主图一般处在黄金位置
		☆☆☆☆□	☆☆☆□	☆☆□	☆□	

» 拓展任务 «

任务六　桌子多角度表现

视频：桌子平面图绘制　　视频：桌子45°俯视角度绘制　　视频：桌子45°仰视角度绘制　　素材：桌子三维模型

69

桌子如图 4-43 所示，其范画如图 4-44 所示。

图 4-43　桌子

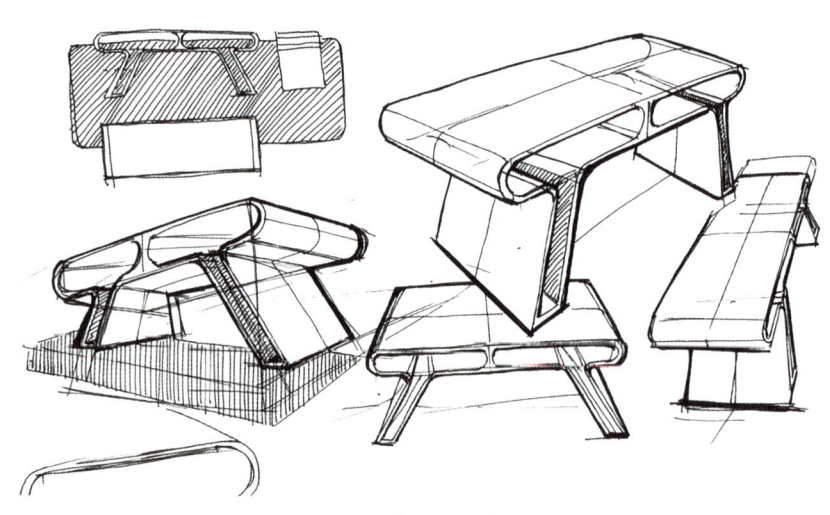

图 4-44　桌子多角度范画

任务七　往复式剃须刀多角度表现

视频：剃须刀平面图绘制　　视频：剃须刀角度 1 绘制　　视频：剃须刀角度 2 绘制　　视频：剃须刀角度 3 绘制　　视频：往复式剃须刀细节绘制

剃须刀如图 4-45 所示，其范画如图 4-46 所示。

图 4-45 剃须刀 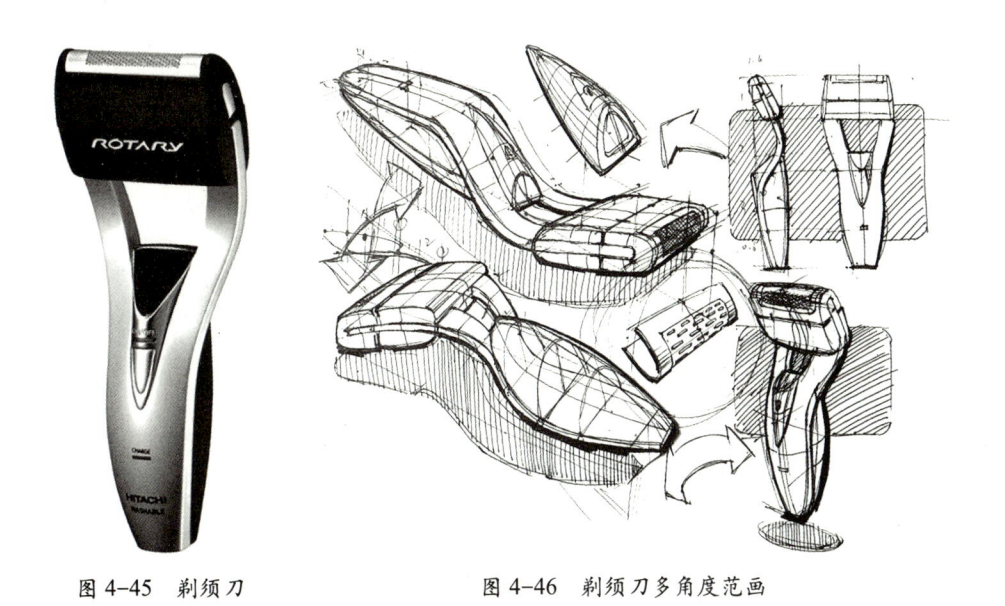　　　　　　图 4-46 剃须刀多角度范画

任务八　角磨机多角度表现

角磨机如图 4-4 所示，其范画如图 4-47 所示。

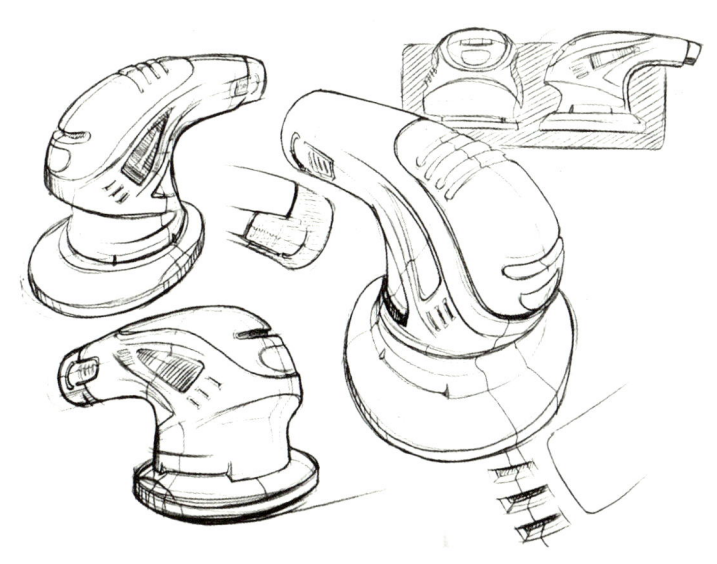

图 4-47 角磨机多角度范画

素材：角磨机三维模型　　视频：角磨机俯视角度 1 绘制　　视频：角磨机仰视角度绘制　　视频：角磨机俯视角度 2 绘制　　视频：角磨机细节绘制

你掌握得如何？

请将完成的作品和范画进行比对，用下面的量表来自我评价一下吧，获得的星星越多，表示你掌握得越好，不足的地方需要回到本项目前几个任务中梳理技巧，通过技巧的提示可以更好地掌握绘制的秘诀。希望同学们能够不懈努力，做到最好！

\	\	\	评价量表				
	项目	具体内容	非常好	较好	一般	有错误	还需努力
1	线条	流畅度	☆☆☆☆☆□	☆☆☆☆□	☆☆☆□	☆☆□	☆□
		线条类型	☆☆☆☆☆□	☆☆☆☆□	☆☆☆□	☆☆□	☆□
2	透视	近大远小	☆☆☆☆☆□	☆☆☆☆□	☆☆☆□	☆☆□	☆□
3	形体	比例尺度	☆☆☆☆☆□	☆☆☆☆□	☆☆☆□	☆☆□	☆□
		结构分型	☆☆☆☆☆□	☆☆☆☆□	☆☆☆□	☆☆□	☆□
		体积感	☆☆☆☆☆□	☆☆☆☆□	☆☆☆□	☆☆□	☆□
4	构图	饱满度	☆☆☆☆☆□	☆☆☆☆□	☆☆☆□	☆☆□	☆□
5	用时	少于 60 min	☆☆☆☆☆□	☆☆☆☆□	☆☆☆□	☆☆□	☆□

模块二 光影材质

项目五　塑料产品绘制

项目分析

　　塑料是目前产品批量化生产中使用频率最多的材料。由于材料加工工艺的特点，塑料材质的产品形态多种多样，色彩丰富。本项目借助塑料产品落实基础形体的明暗五调子知识，掌握马克笔的色彩叠加和明暗过渡的手绘技巧。通过对形态的曲直两种类型进行训练，掌握直面形体和曲面形体上明暗五调子的表达规律及马克笔表达技巧，以期未来在产品造型创意手绘中能举一反三（图5-1～图5-5）。

图5-1　饮水机 　　　　　　图5-2　米奇造型 　　　　　　图5-3　数据盒

图5-4　R角体闹钟 　　　　　　图5-5　音箱马

学习目标

知识目标

认识非镜面反光现象；理解明暗五调子；知道马克笔笔触过渡特征；掌握笔触叠加表现技巧。

能力目标

会表达不同形体、不同颜色的塑料产品；能绘制形体的明暗五调子。

素养目标

养成观察和归纳物象的习惯及科学严谨的绘图意识；培育精益求精的工匠精神。

任务清单

项目五 塑料产品绘制

学习阶段	任务细分	重难点	学习建议
初阶任务	任务一 立方体明暗五调子绘制	明暗五调子的概念及马克笔表达、色彩过渡概念理解、笔触叠加技巧、立方体的马克笔表现	课前任务
中阶任务	任务二 饮水机绘制 任务三 米奇造型绘制	浅色塑料材质、红色塑料材质、方体组合和球体组合马克笔表达	课中任务
高阶任务	任务四 数据盒绘制 任务五 R角体闹钟绘制	斜角体和圆角体的马克笔笔触技巧	
拓展任务	任务六 音箱马绘制	曲面体的马克笔笔触技巧	课后任务

课件：塑料产品绘制

» 初 阶 任 务 «

任务一 立方体明暗五调子绘制

■ **工具准备**

A4纸张，399黑色彩铅，CG268、CG269、CG270、CG271、CG273马克笔。

■ **任务分析**

绘制好立方体的明暗五调子，就能表达出立方体在光影中的立体感。首先我们需要了解光源的位置、立方体和画面的位置关系；其次确定明暗五调子的位置；最后通过一定的马克笔笔触的色彩叠加来实现立方体的明暗表达。其中确定明暗五调子的位置是关键，马克笔笔触通过叠加带来的色彩过渡是技术难点。下面通过五个问题分析，来了解明暗五调子的形成原因及其调子绘制的马克笔技巧。

微课：光影

1. 明暗五调子

塑料材质是非镜面材质，其表面受光源照射，能够产生比较清晰的明暗五调子关系（图5-6）。两点透视45°视角下的立方体，在受光照射后可以明显地呈现亮面、灰面、明暗交界线、反光、投影五个不同明度的色调表现。其明暗程度就浅色塑料材质来说，从深到浅依次为投影、明暗交界线、反光、灰面、亮面（图5-7）。假如是深色或黑色方体产品，其明暗五调子的明度从深到浅依次为明暗交界线、投影、反光、灰面、亮面，略有不同。

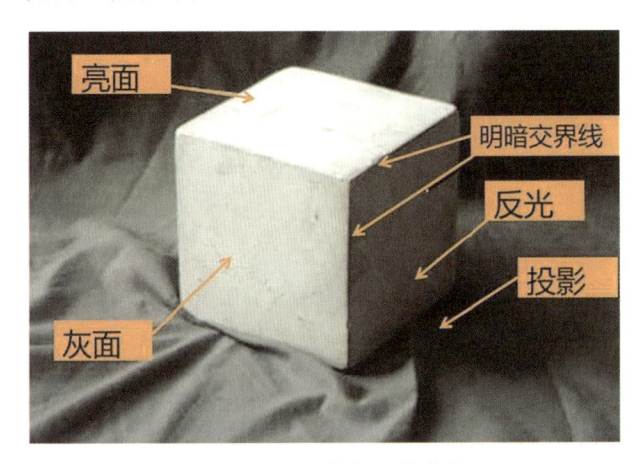

图5-6 立方体明暗关系

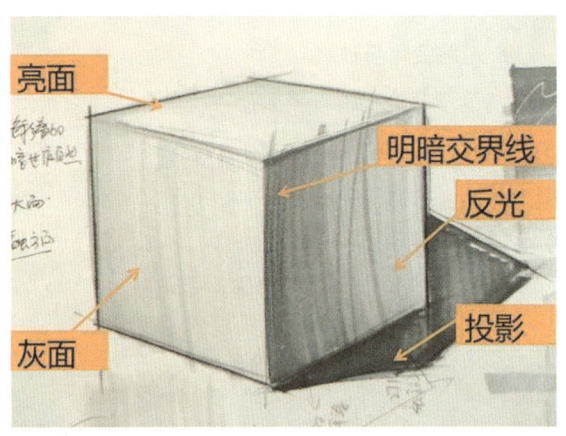

图5-7 立方体明暗五调子马克笔表现

2. 平行投影

与焦点投影（图5-8）不同，平行投影（图5-9）的光源为无数连续的平行光线照射。以立方体为例，光源以平行光的形式投射到立方体上，穿过立方体的各个顶点，形成平行光线，且在顶点的站立点形成投影点，连接投影点即成为立方体的投影。此时光线平行、投影线平行，且光源越高投影越小。由于焦点投影较之实际物体变形较大，而平行投影和实际物体形态较为相近，因此产品手绘往往喜欢拟采用平行投影进行绘制。大部分人手绘惯用右手，较喜欢选择左上方光源投影，较能展现产品的全貌。在后续的复杂产品手绘中，有时为了突出产品材质和细节或结构的深入表达，往往会采用顶光源的投影样式，以衬托主体造型。

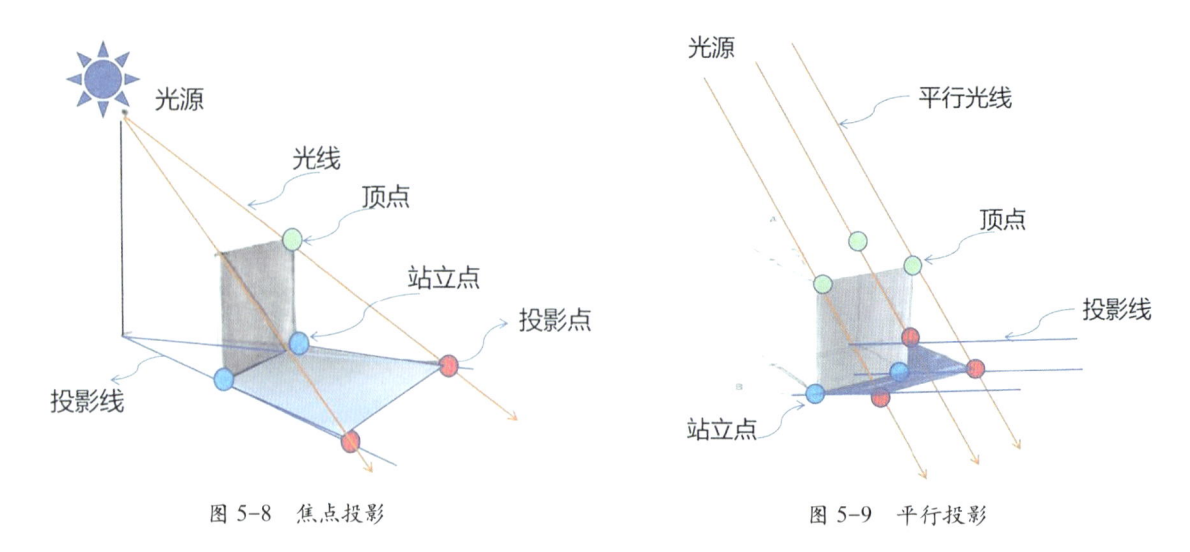

图 5-8　焦点投影

图 5-9　平行投影

3. 色彩衔接与过渡

马克笔的色彩衔接（图 5-10）是将不同色号的马克笔按照同色系、明度深浅程度依次有规律地进行并置排列，从而产生光影的明暗渐次变化，进而塑造曲面。色彩衔接的边缘相接相连，并不相互叠加，因此明度变化十分规律，节奏感强，能表现丰富层次的曲面效果。

4. 色彩叠加与过渡

与色彩衔接不同，马克笔的色彩叠加（图 5-11）是将一种深色叠加于一种浅色上，并留出浅色一截，造成半覆盖的效果，形成阶梯状。叠加是形成暗面或亮面明度从暗到亮的一个过渡技巧，叠加的颜色先浅色后深色，面积先大后小，叠加的颜色不能完全盖住被叠加的颜色，使每一次叠加都能预留出相近的底色面积，从而形成色彩的渐次变化，产生较为稳定的色彩过渡，能够较好地表达曲面和平面，是马克笔表现技巧的首选。

5. 笔触变化与过渡

在色彩衔接和色彩叠加技巧运用之后，为了追求更加细腻丰富的笔触效果和色彩明度变化，马克笔在排笔绘制时，可以在色彩叠加的基础上，改变笔的粗细和疏密变化，从而创造微妙的过渡效果。在实际运用中，笔触方向大体保持平行（图 5-12）。

图 5-10　色彩衔接　　　　图 5-11　色彩叠加　　　　图 5-12　笔触变化

■ 任务实施

步骤一：绘制 45°立方体结构（图 5-13）。

步骤二：绘制平行投影（图 5-14）。

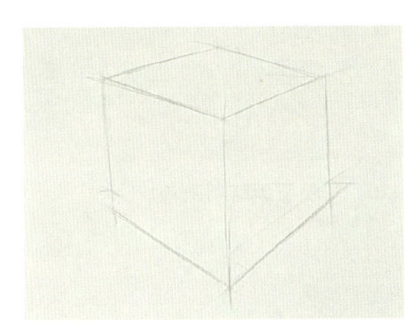

图 5-13　立方体线条图

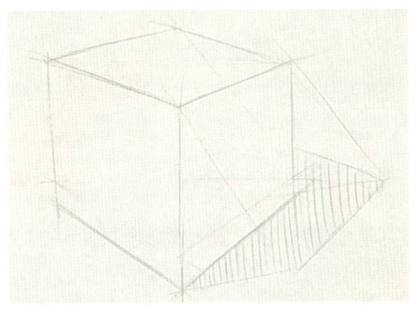

图 5-14　绘制平行投影

视频：立方体明暗马克笔绘制

步骤三：使用 CG269 马克笔绘制暗面，笔触由近及远排列（图 5-15）。

步骤四：使用 CG269 马克笔绘制灰面，笔触由远及近排列（图 5-16）。

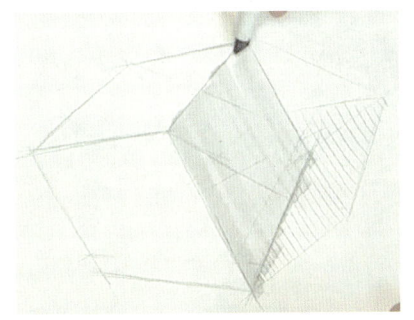

图 5-15　绘制暗面

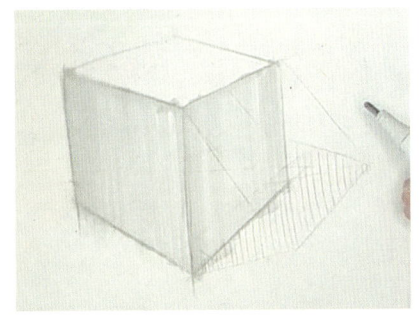

图 5-16　绘制灰面

步骤五：运用 CG268 马克笔以倾斜的笔触绘制亮面，笔触由远及近排列（图 5-17）。

步骤六：使用 CG270 马克笔对暗面进行色彩叠加（图 5-18）。

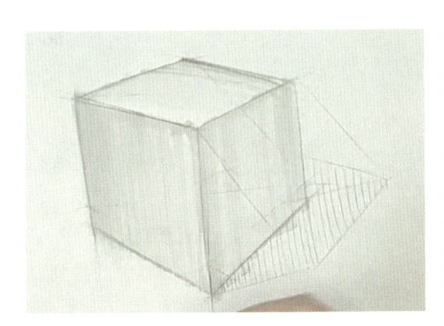

图 5-17　绘制亮面

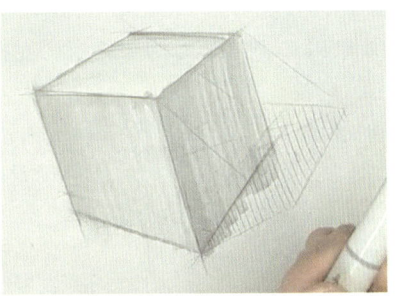

图 5-18　笔触叠加绘制暗面

步骤七：使用 CG271 马克笔对暗面继续叠加，注意不要盖住 CG270，要露出一截（图 5-19）。

步骤八：使用 CG270 马克笔在灰面边缘处叠加笔触，由远及近绘制渐变笔触（图 5-20）。

79

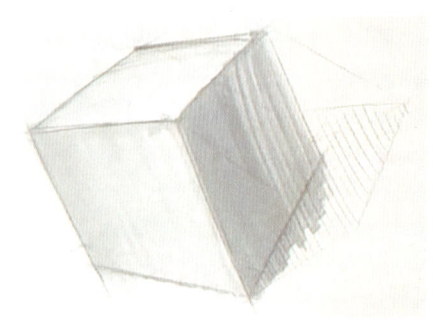

图 5-19　继续笔触叠加绘制暗面　　　　图 5-20　笔触叠加绘制灰面

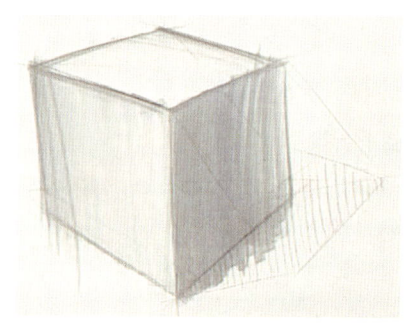

步骤九：使用 CG273 马克笔绘制投影、勾轮廓线（图 5-21）。

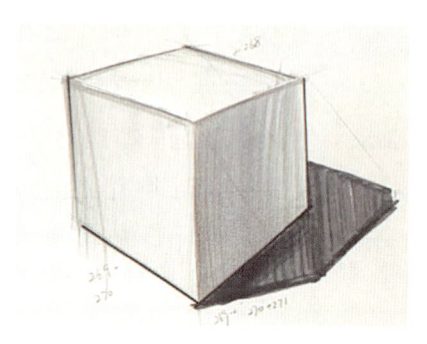

图 5-21　投影及勾轮廓线

你学会了吗？

请用下面的评价表来评一评吧，获得的星星越多，表示你掌握得越好，不足的地方可以看技巧梳理，通过技巧的提示可以更好地掌握绘制的秘诀，多练习，才有提升。

具体要求	评价标准				技巧梳理
	完成情况（请对照具体要求，在符合情况的框内打"√"，单选）				
1　明暗五调子	五调子准确，立体感强	三大面没有区分，暗面不够暗	三大面没有区分，暗面没有反光	五调子不准确，没有立体感	1. 马克笔笔触要长、要流畅； 2. 表达明暗过渡的时候要有粗细、疏密变化； 3. 笔触的排列要注意方向，尽量保持统一； 4. 色彩叠加时，先画浅色，再叠加深色； 5. 叠加颜色时，要露出前面的浅色，使其产生面的明暗过渡
	☆☆☆☆□	☆☆☆□	☆☆□	☆□	
2　笔触	笔触叠加有秩序，明暗变化有层次	笔触叠加不明显，明暗变化过快	笔触杂乱，明暗变化慢	笔触杂乱，明暗表现弱	
	☆☆☆☆□	☆☆☆□	☆☆□	☆□	

》 中阶任务 《

任务二 饮水机绘制

■ **工具准备**

A4 纸张，399 黑色彩铅，CG268、CG269、CG271、CG273 马克笔。

■ **任务分析**

饮水机如图 5-10 所示。饮水机由多个长方体组合而成，在绘制线条稿时要注意透视关系，通过剖面线来帮助形与形的组合位置。该产品是较为浅色的塑料材质，反光较弱，因此需要控制马克笔的色度，以及高光和反光的弱化。

视频：饮水机马克笔绘制

素材：饮水机线条图

■ **任务实施**

步骤一：使用 CG269 马克笔绘制出暗面，然后进行色彩叠加，第一次平涂时，注意笔触方向；第二次色彩叠加时，注意笔触变化，先粗后细，先密后疏，才能绘制出色彩的过渡（图 5-22）。

步骤二：使用 CG270 马克笔对暗面进行色彩叠加，注意叠加 1/3，叠加的笔触要有粗细变化（图 5-23）。

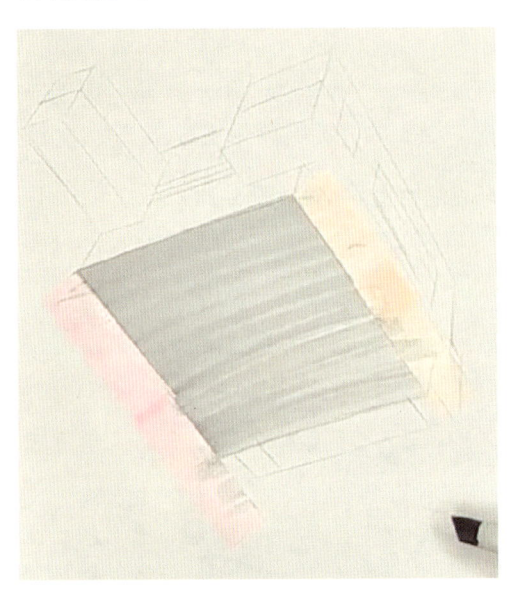

图 5-22 第一次色彩叠加暗面

图 5-23 第二次色彩叠加时的笔触变化

步骤三：使用 CG271 马克笔对暗面进行第三次色彩叠加（图 5-24）。

步骤四：使用 CG269、CG270、CG271 马克笔进行色彩叠加，绘制出另外两个暗面（图 5-25）。

图 5-24　第三次色彩叠加　　　　　　　　　　　　图 5-25　绘制其他暗面

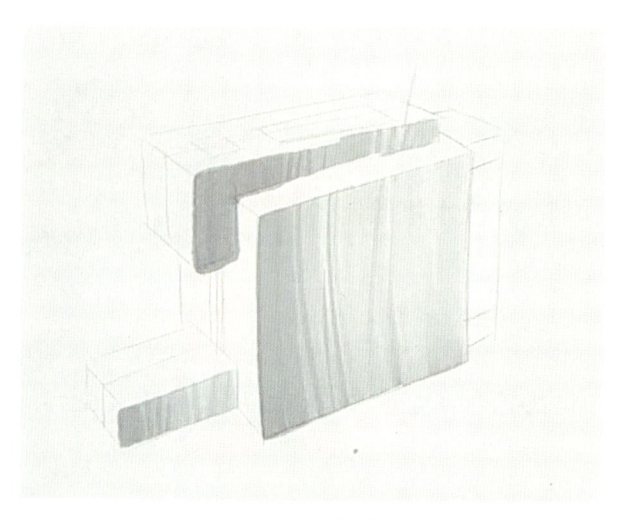

步骤五：使用 CG268 马克笔绘制出灰面，再用 CG269 马克笔对灰面进行色彩叠加（图 5-26），不规则面需要勾边缘线，注意由远及近的笔触衔接。

步骤六：使用 CG268 马克笔绘制出三个亮面，注意笔触的方向都是由左向右的（图 5-27）。

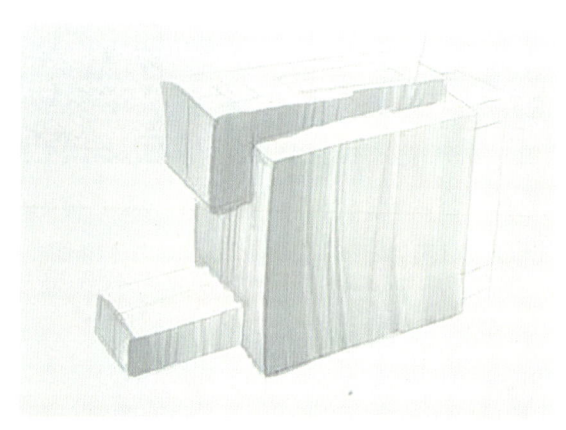

图 5-26　色彩叠加出灰面　　　　　　　　　　　　图 5-27　色彩叠加出亮面

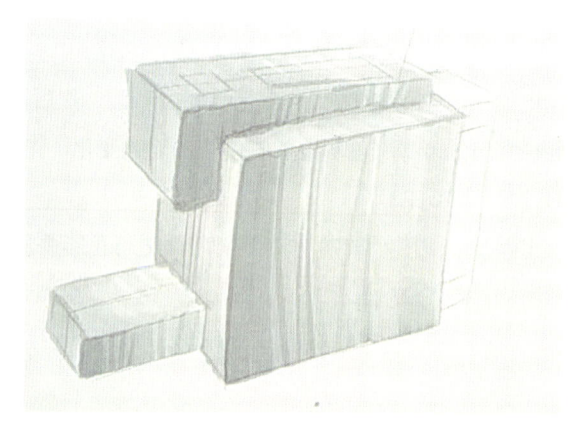

步骤七：使用 CG271、CG272 马克笔绘制出细节，用蓝色系马克笔绘制出水箱（图 5-28）。

步骤八：绘制出投影，并明确四种线条类型（图 5-29）。

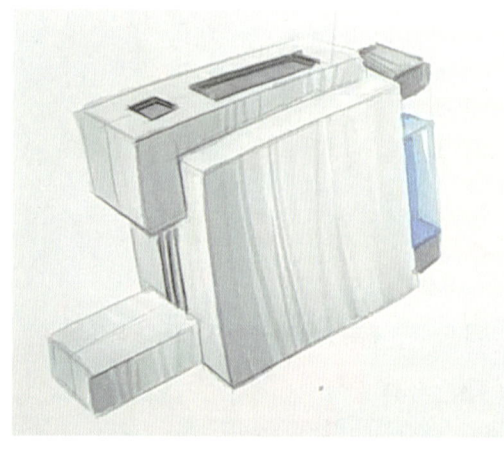

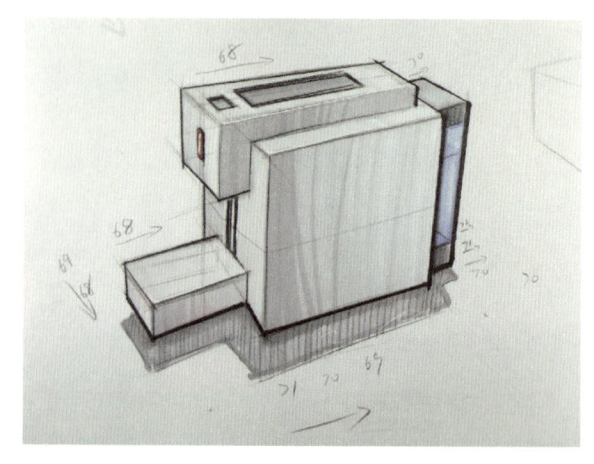

图 5-28　水箱和细节绘制　　　　　　　　　　　　图 5-29　添加投影、明确线条类型

82

■ 你学会了吗？

请用下面的评价表来评一评吧，获得的星星越多，表示你掌握得越好，不足的地方可以看技巧梳理，通过技巧的提示可以更好地掌握绘制的秘诀，多练习，才有提升。

具体要求	评价标准 完成情况（请对照具体要求，在符合情况的框内打"√"，单选）				技巧梳理
1　明暗五调子	五调子准确，立体感强，且浅灰色质感强，平面有明度过渡	三大面没有区分，暗面不够暗，质感太黑，平面明度过渡错误	三大面没有区分，暗面没有反光，质感弱，平面没有明度变化	五调子不准确，没有立体感	1. 马克笔笔触要长、要流畅； 2. 表达平面的明暗过渡时，笔触要有粗细、疏密变化； 3. 笔触的排列要注意方向，尽量保持统一； 4. 色彩叠加时，先画浅色，再叠加深色； 5. 叠加颜色时，要露出前面的浅色，使其产生面的明暗过渡
	☆☆☆☆□	☆☆☆□	☆☆□	☆□	
2　笔触	笔触叠加有秩序，明暗变化有层次，笔触粗细疏密有变化	笔触叠加不明显，明暗变化过快，笔触变化弱	笔触叠加杂乱，明暗变化慢，笔触没有粗细变化	笔触叠加杂乱，明暗表现弱	
	☆☆☆☆□	☆☆☆□	☆☆□	☆□	

任务三　米奇造型绘制

■ 工具准备

A4纸张，白色高光笔，399黑色彩铅，红色系、蓝色系、黄色系马克笔。

■ 任务分析

米奇造型如图5-2所示。米奇造型由三个球体组成，可以训练球体马克笔表现的笔触和色调。球体的马克笔笔触塑造是本任务的难点，由于马克笔叠加后会产生重叠不融合的现象，所以，进行球体曲面笔触叠加时要快、准、轻柔，这一点要马克笔水分充足，且多次练习才能成功。将米奇的三个球体进行三种不同颜色的绘制，加深对球体塑造的理解。

视频：米奇彩色马克笔绘制

■ 任务实施

步骤一：绘制出米奇球体结构（图5-30）。
步骤二：使用YR213马克笔沿着高光点作环形笔触，绘制球面（图5-31）。

步骤三：使用YR214马克笔作粗笔触叠加出明暗交界线到暗面的区域，紧接着用细笔触从明暗交界线往高光区域叠加亮面，笔触逐渐消失（图5-32）。

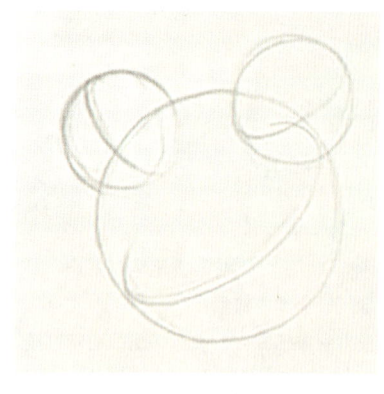

图5-30 绘制线条稿　　　图5-31 环形笔触　　　图5-32 突出暗面

步骤四：使用YR215马克笔从明暗交界线向下依次叠加过渡（图5-33）。
步骤五：使用R140马克笔加重明暗交界线（图5-34）。

图5-33 笔触叠加暗面　　　图5-34 加重明暗交界线

步骤六：使用B240、B242、B142、B243马克笔叠加出蓝色球体耳朵（图5-35）。

图5-35 蓝色耳朵绘制过程

步骤七：使用Y224、Y225、Y226、Y5马克笔叠加出黄色球体耳朵（图5-36）。
步骤八：用399黑色彩铅加重明暗交界线和分型线，然后用白色高光笔勾出分型线上沿，最后明确线条类型（图5-37）。

图 5-36　黄色耳朵绘制过程

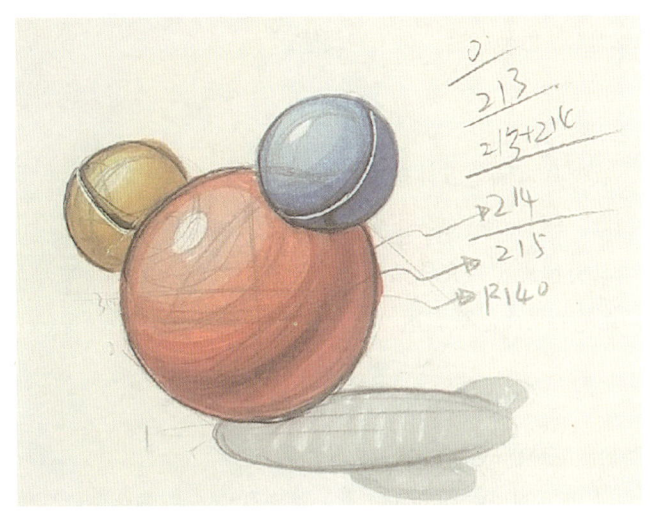

图 5-37　投影、高光及细节处理

■ 你学会了吗？

请用下面的评价表来评一评吧，获得的星星越多，表示你掌握得越好，不足地方可以看技巧梳理，通过技巧的提示可以更好地掌握绘制的秘诀，多练习，才有提升。

具体要求	评价标准				技巧梳理
	完成情况（请对照具体要求，在符合情况的框内打"√"，单选）				
1　明暗五调子	五调子准确，立体感强，且色彩质感强，曲面有色彩过渡	暗面不够暗，颜色不够饱和，曲面明度过渡错误	暗面没有反光，质感弱，曲面没有立体感	五调子不准确，没有立体感	1. 球面笔触要围绕高光点环形进行，圆润、流畅； 2. 表达球面明暗过渡的时候要有粗细、疏密变化； 3. 笔触的环状排列要注意方向，尽量保持统一； 4. 色彩叠加时，先画浅色，再叠加深色； 5. 色彩叠加时，要露出前面的浅色，使其产生面的明暗过渡，可以利用399黑色彩铅加深明暗交界线
	☆☆☆☆□	☆☆☆□	☆☆□	☆□	
2　笔触	笔触叠加有秩序，明暗变化有层次，笔触粗细疏密有变化	笔触叠加不明显，明暗变化过快，笔触变化弱	笔触叠加杂乱，明暗变化慢，笔触没有粗细变化	笔触叠加杂乱，明暗表现弱	
	☆☆☆☆□	☆☆☆□	☆☆□	☆□	

» 高阶任务 «

任务四 数据盒绘制

■ **工具准备**

A4 纸张，399 黑色彩铅，CG268、CG269、CG270、CG271、CG272、CG273 马克笔，YR213、YR214 红色马克笔，双头勾线笔。

■ **任务分析**

数据盒如图 5-3 所示。数据盒由圆角方体构成，分为上下两个壳；从分型线看，是对称结构。顶面、侧面上斜面、下斜面构成三大面。中部切割露出橙色壳体，形成一个具有包裹状的壳体结构。本任务不仅训练了圆角的表达，还训练了彩色马克笔的平面色彩表达。

视频：数据盒马克笔绘制

■ **任务实施**

步骤一：选择一个角度绘制立体图（图 5-38）。

步骤二：使用 CG269 马克笔绘制出暗面和灰面，尤其要注意突出圆角（图 5-39）。

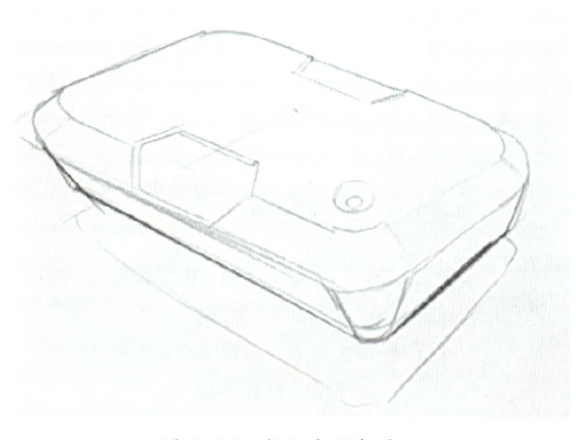

图 5-38 数据盒线条稿

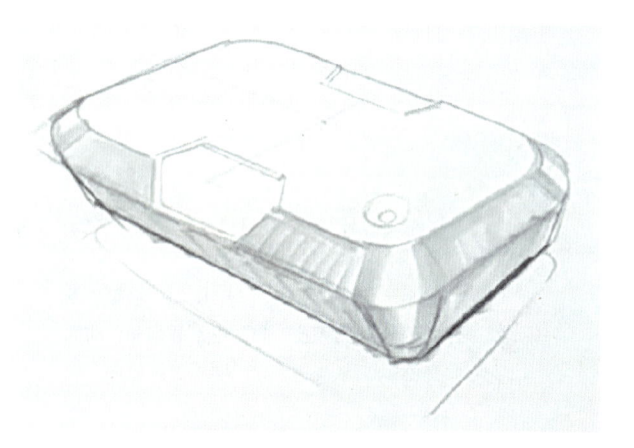

图 5-39 暗面和灰面上色

步骤三：使用 CG268 马克笔绘制出亮面并进行圆角过渡（图 5-40）。

步骤四：使用 CG270 马克笔加重暗面，注意笔触叠加，同时叠加出灰面圆角转折处（图 5-41）。

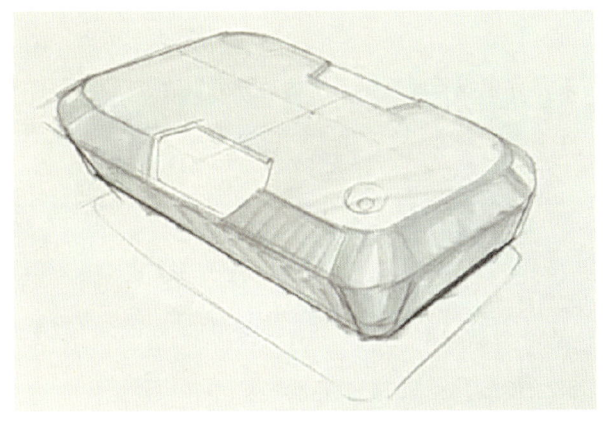

图 5-40 绘制亮面并进行圆角过渡　　　　　　　图 5-41 暗面笔触叠加

步骤五：使用 CG269 马克笔调整亮面，绘制远处的色彩过渡及边缘线（图 5-42）。
步骤六：使用 CG270、CG271、CG272、CG273 马克笔叠加出圆孔凹陷部分的细节（图 5-43）。
步骤七：使用 YR213、YR214 马克笔叠加出红色外壳细节（图 5-44）。
步骤八：完成勾线（图 5-45）。

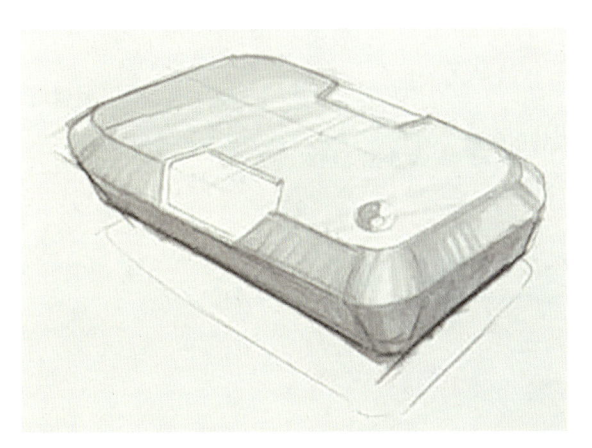

图 5-42 亮面笔触过渡　　　　　　　图 5-43 圆孔表达

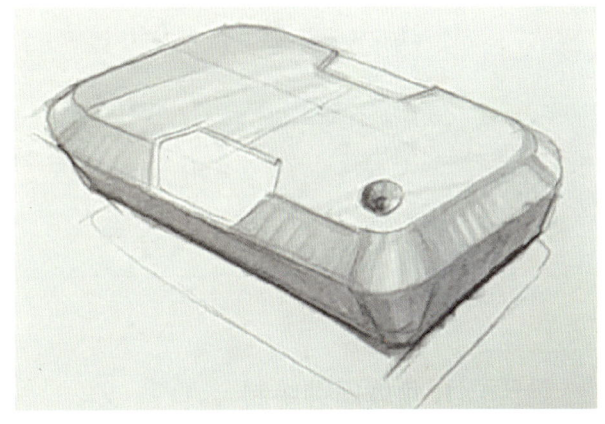

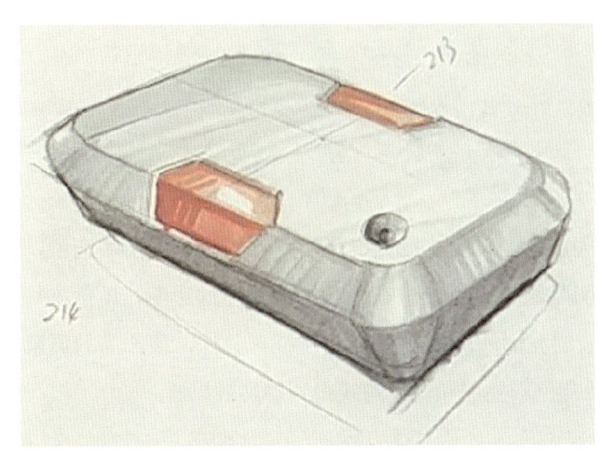

图 5-44 绘制彩色壳料　　　　　　　图 5-45 勾线

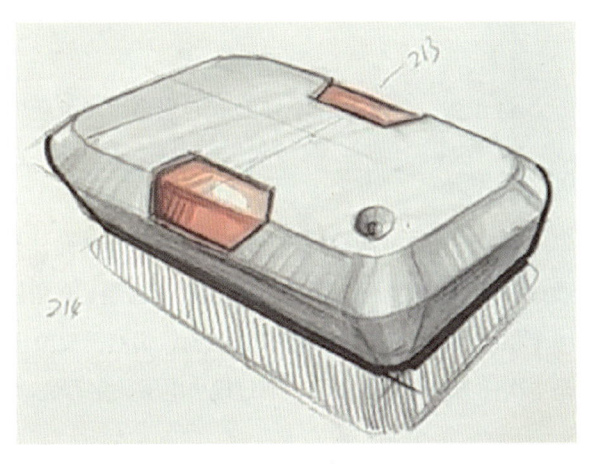

87

你学会了吗？

请用下面的评价表来评一评吧，获得的星星越多，表示你掌握得越好，不足的地方可以看技巧梳理，通过技巧的提示可以更好地掌握绘制的秘诀，多练习，才有提升。

具体要求		评价标准				技巧梳理
		完成情况（请对照具体要求，在符合情况的框内打"√"，单选）				
1	明暗五调子	五调子准确，立体感强，且色彩质感强	暗面不够暗，颜色不够饱和，明度过渡错误	暗面没有反光，质感弱	五调子不准确，没有立体感	1. 笔触要长、要流畅； 2. 表达平面和圆角明暗过渡的时候要有粗细、疏密变化； 3. 笔触的排列要注意方向，尽量保持统一； 4. 色彩叠加时，先画浅色，再叠加深色； 5. 色彩叠加时，要露出前面的浅色，使其产生面的明暗过渡
		☆☆☆☆□	☆☆☆□	☆☆□	☆□	
2	笔触	笔触叠加有秩序，明暗变化有层次，笔触粗细疏密有变化	笔触叠加不明显，明暗变化过快，笔触变化弱	笔触杂乱，明暗变化慢，笔触没有粗细变化	笔触杂乱，明暗表现弱	
		☆☆☆☆□	☆☆☆□	☆☆□	☆□	
3	圆角结构	圆角结构突出，明度变化有层次	圆角结构、明度变化有层次，但边缘圆角不够明显	圆角结构明度无变化	缺少圆角结构	
		☆☆☆☆□	☆☆☆□	☆☆□	☆□	

任务五　R 角体闹钟绘制

工具准备

A4 纸张、白色高光笔、399 黑色彩铅、灰色系马克笔、红色系马克笔。

任务分析

闹钟如图 5-4 所示。该款闹钟是由一个 R 角体切割完成的。R 角体造型也是当下比较多见的产品造型，通过 R 角体的变形可以衍生出很多其他造型。R 角体的明暗表现重点集中在圆角，因光源的影响，R 角体每一个顶点都有高光出现，即使在暗面，仍然需要给出较灰的亮面才能表达出 R 角特征。另外，该产品的屏幕是本次任务的一个新技巧，通过模仿电子数字写法，可结合色彩叠加和白色勾线得到屏幕效果。

任务实施

步骤一：绘制 R 角结构，进行切割，明确线条类型（图 5-46）。
步骤二：使用 CG269 马克笔分出两大面（图 5-47）。

步骤三：使用CG269马克笔绘制灰面（图5-48）。

步骤四：使用CG268马克笔绘制亮面，运用CG269马克笔绘制屏幕（图5-49）。

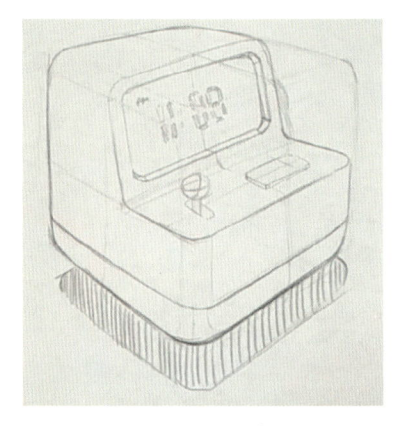

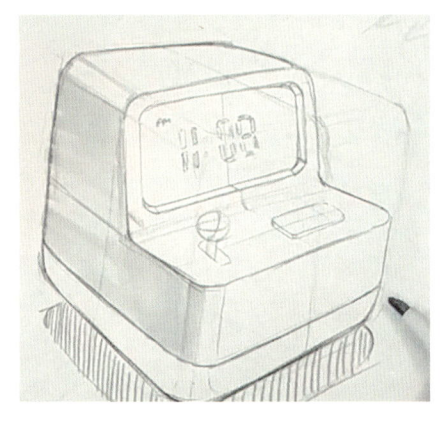

图5-46　线条稿　　　　　　图5-47　分出两大面

视频：R角闹钟
线条图绘制

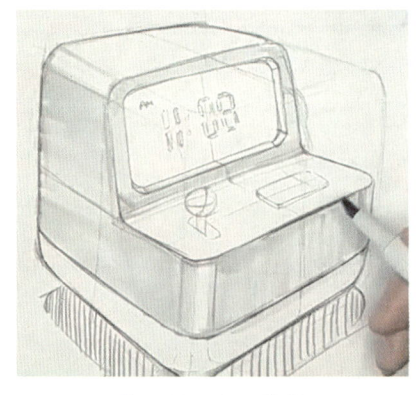

图5-48　灰面笔触　　　　　　图5-49　屏幕笔触

视频：R角闹钟
马克笔绘制

步骤五：运用CG270马克笔分别叠加在暗面、灰面、亮面，塑造出色彩的明暗过渡（图5-50）。

步骤六：运用CG271马克笔加强暗面，加深屏幕（图5-51）。

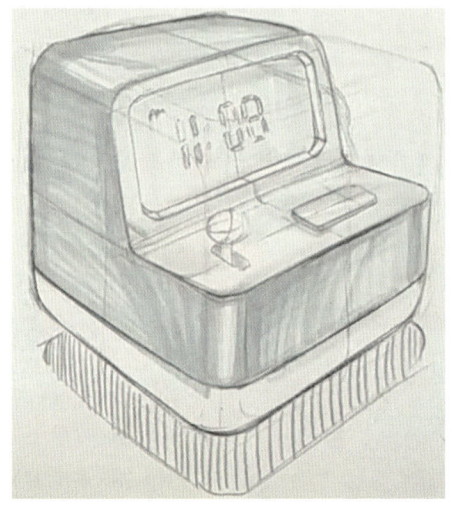

图5-50　三大面笔触叠加　　　　　　图5-51　暗面笔触叠加

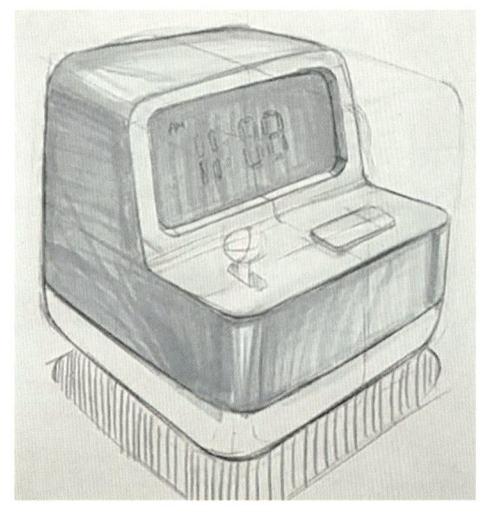

89

步骤七：使用红色系马克笔绘制出细节（图5-52）。

步骤八：使用白色高光笔、CG273和CG272马克笔绘制出屏幕细节（图5-53）。

步骤九：明确线条类型，绘制细节添加投影（图5-54）。

步骤十：增加平面图和其他角度，平衡构图（图5-55）。

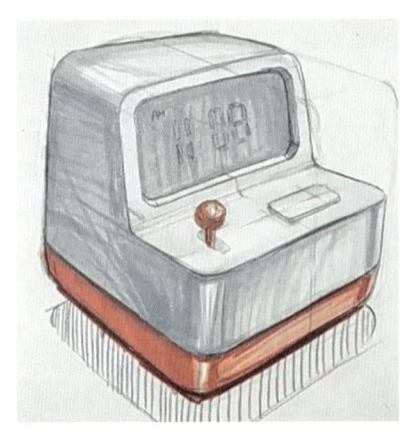

图5-52 红色部分色彩叠加

图5-53 绘制屏幕细节

图5-54 绘制按钮投影

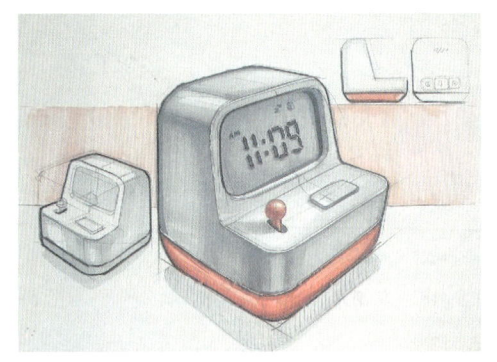

图5-55 整体构图

你学会了吗？

请用下面的评价表来评一评吧，获得的星星越多，表示你掌握得越好，不足的地方可以看技巧梳理，通过技巧的提示可以更好地掌握绘制的秘诀，多练习，才有提升。

具体要求	评价标准				技巧梳理
	完成情况（请对照具体要求，在符合情况的框内打"√"，单选）				
1 明暗质感	五调子准确，立体感强，且屏幕质感强 ☆☆☆☆□	暗面不够暗，色彩质感强，屏幕质感弱 ☆☆☆□	暗面没有反光，圆角没有高光，质感弱 ☆☆□	五调子不准确，没有立体感 ☆□	屏幕可以暗一些，容易凸显字体效果，字体加阴影衬托

续表

具体要求	评价标准				技巧梳理
	完成情况（请对照具体要求，在符合情况的框内打"√"，单选）				
2 笔触	笔触叠加有秩序，明暗变化有层次，笔触粗细疏密有变化	笔触叠加不明显，明暗变化过快，笔触变化弱	笔触杂乱，明暗变化慢，笔触没有粗细变化	笔触杂乱，明暗表现弱	色彩叠加时先画浅色，再叠加深色，保持马克笔的水分
	☆☆☆☆□	☆☆☆□	☆☆□	☆□	
3 结构	比例准确，R角结构突出，明度变化有层次	R角结构的明度变化有层次，但边缘圆角不够明显	R角结构的明度无变化	缺少R角结构	圆角笔触要围绕圆角向两边渐次变化
	☆☆☆☆□	☆☆☆□	☆☆□	☆□	
4 构图	主次分明、有细节，饱满且均衡	主次分明、均衡，且留有1个立体角度的空位	主次不分明，但均衡，且留有1个立体角度的空位	主次不分明、不饱满	先在纸张上确定主图立体角度，再穿插其他。主图一般处在黄金位置
	☆☆☆☆□	☆☆☆□	☆☆□	☆□	

》 拓展任务 《

任务六 音箱马绘制

音箱马如图5-5所示，其线条稿与上色图如图5-56和图5-57所示。

图5-56 线条稿 　　图5-57 上色图

视频：音箱马马克笔绘制

■ 你掌握得如何？

请将完成的作品和范画进行比对，用下面的量表来自我评价一下吧，获得的星星越多，表示你掌握

得越好，不足的地方需要回到本项目前几个任务中梳理技巧，通过技巧的提示可以更好地掌握绘制的秘诀。希望同学们能够不懈努力，做到最好！

\multicolumn{7}{c	}{评价量表}
项目		具体内容	非常好	较好	一般	有错误	还需努力
1	线条	流畅度	☆☆☆☆☆□	☆☆☆☆□	☆☆☆□	☆☆□	☆□
		线条类型	☆☆☆☆☆□	☆☆☆☆□	☆☆☆□	☆☆□	☆□
2	透视	近大远小	☆☆☆☆☆□	☆☆☆☆□	☆☆☆□	☆☆□	☆□
3	笔触	秩序	☆☆☆☆☆□	☆☆☆☆□	☆☆☆□	☆☆□	☆□
4	形体	比例尺度	☆☆☆☆☆□	☆☆☆☆□	☆☆☆□	☆☆□	☆□
		结构分型	☆☆☆☆☆□	☆☆☆☆□	☆☆☆□	☆☆□	☆□
		光影感	☆☆☆☆☆□	☆☆☆☆□	☆☆☆□	☆☆□	☆□
5	用时	少于 30 min	☆☆☆☆☆□	☆☆☆☆□	☆☆☆□	☆☆□	☆□

项目六　金属产品绘制

项目分析

　　金属材质表面由于抛光和电镀等加工工艺，会产生极其独特的镜面效果，形成明暗对比极强的特点。金属材质表现出的光影感，是产品设计表现中不可缺少的表现技巧。本项目主要从曲面的金属产品展开训练。金属产品马克笔表现主要采用了灰色系，并穿插了深色橡胶材质的马克笔绘制进行对比，加强对金属质感的理解（图6-1～图6-4）。

图6-1　圆柱体

图6-2　搅拌机手柄

图6-3　数码摄像机

图6-4　水龙头

学习目标

知识目标

认识镜面反光的现象；理解金属材质反光特征；掌握金属材质的明暗特点。

能力目标

会辨识镜面材质表面的反光关系；能绘制镜面金属材质的五调子效果。

素养目标

养成观察和归纳物象的习惯及科学严谨的绘图意识；培育精益求精的工匠精神。

任务清单

项目六　金属产品绘制

学习阶段	任务细分	重难点	学习建议
初阶任务	任务一　金属圆柱体绘制	高反光、色彩叠加过渡	课前任务
中阶任务	任务二　搅拌机手柄绘制	橡胶材质和金属材质对比	课中任务
高阶任务	任务三　摄像机绘制	金属材质曲面笔触表现	
拓展任务	任务四　水龙头绘制	曲面转折变化中明暗交界线的处理	课后任务

课件：金属产品绘制

» 初阶任务 «

任务一 金属圆柱体绘制

■ 工具准备

A4纸张，白色高光笔，399黑色彩铅，CG268、CG269、CG270、CG271、CG272、CG273、CG274马克笔。

■ 任务分析

圆柱体如图6-1所示。圆柱体是金属加工中常见的产品形态，其表面的明暗五调子和塑料产品完全不同。首先，普通的明暗五调子反光处于暗面，较之灰面和高光都要暗，但金属材质的反光和高光一样亮，这是抓住金属材质表现的关键。其次，金属圆柱体明暗交界线到高光的过渡也比塑料产品更加果断，过渡较短。因此，在绘制时，要充分缩短暗面，增加亮面和光，通过高光效果来模仿金属的亮泽感。

视频：金属圆柱体马克笔绘制

■ 任务实施

步骤一：绘制圆柱体结构，确定明暗交界线（图6-5）。

步骤二：使用CG268马克笔画出大体的亮面和暗面（图6-6）。

图6-5 绘制线条稿

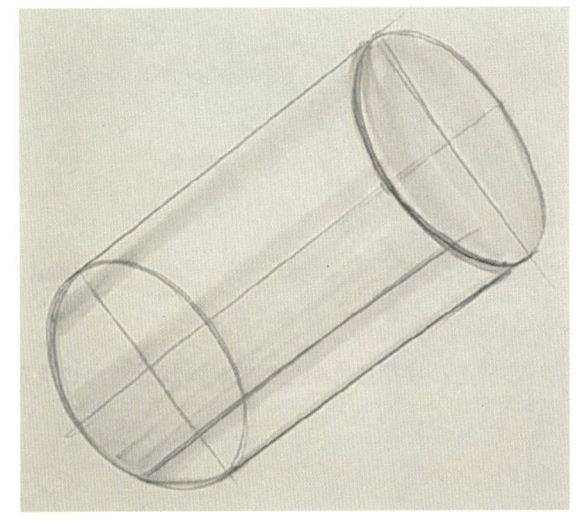

图6-6 分出两大面

步骤三：使用CG269、CG270、CG271马克笔依次叠加出灰面过渡，注意要在前一色的中间部位进行叠加（图6-7）。

步骤四：使用CG272、CG273马克笔依次叠加出暗面过渡（图6-8）。

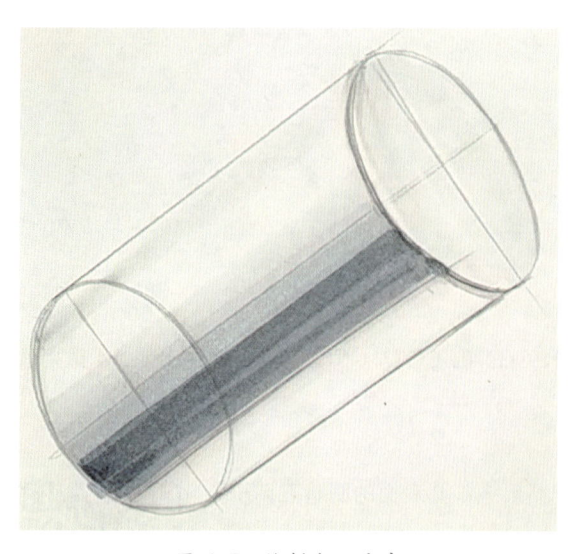

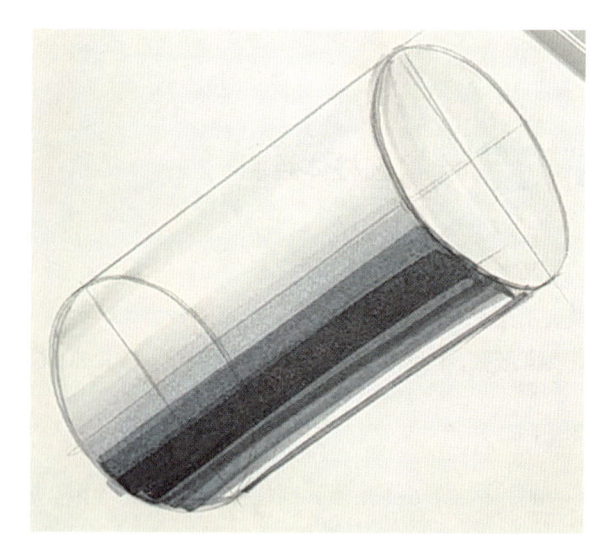

图 6-7 绘制灰面过渡　　　　　　　　　　图 6-8 绘制暗面过渡

步骤五：使用 CG272 马克笔塑造亮面的转折面（图 6-9）。

步骤六：使用 CG269、CG270、CG271、CG272 马克笔塑造顶面（图 6-10）。

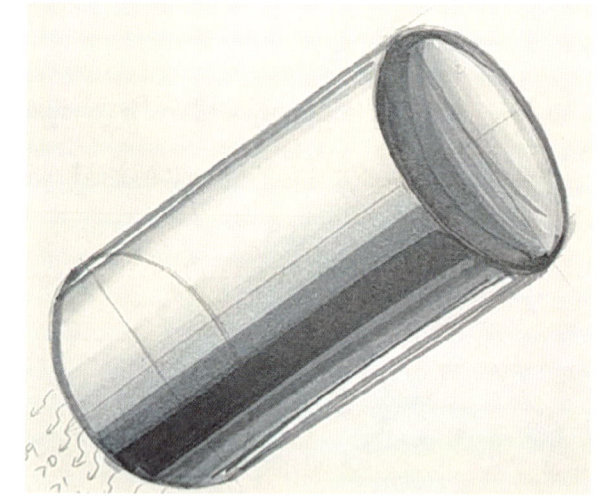

图 6-9 亮面过渡　　　　　　　　　　图 6-10 塑造顶面

步骤七：使用白色高光笔勾线，制造高光和反光点（图 6-11）。

图 6-11 增加高光和反光

96

■ 你学会了吗？

请用下面的评价表来评一评吧，获得的星星越多，表示你掌握得越好，不足的地方可以看技巧梳理，通过技巧的提示可以更好地掌握绘制的秘诀，多练习，才有提升。

具体要求		评价标准				技巧梳理
		完成情况（请对照具体要求，在符合情况的框内打"√"，单选）				
1	高光和反光	强烈，透亮	反光不够亮	没有反光	没有高光和反光	笔触干脆有力，粗细变化比较大
		☆☆☆☆□	☆☆☆□	☆☆□	☆□	
2	明暗交界线	强烈，明显	不够暗，面积大	位置错误	与暗面之间没有过渡	保持住反光的亮色
		☆☆☆☆□	☆☆☆□	☆☆□	☆□	
3	笔触	笔触叠加有秩序，明暗变化有层次，笔触粗细疏密有变化	笔触叠加不明显，明暗变化过快，笔触变化弱	笔触杂乱，明暗变化慢，笔触没有粗细变化	笔触杂乱，明暗表现弱	明暗交界线完成以后用白色高光笔进行飞白，产生光的质感，同时可以运用到面的转折处
		☆☆☆☆□	☆☆☆□	☆☆□	☆□	

» 中阶任务 «

任务二 搅拌机手柄绘制

■ **工具准备**

A4 纸张、399 黑色彩铅、灰色系马克笔、高光笔。

■ **任务分析**

搅拌机手柄如图 6-2 所示。搅拌机手柄以圆柱体为主要特征，手柄和机头组成整体，圆柱体机头为金属材质，手柄由深色橡胶材质构成。橡胶材质的明暗五调子与金属材质的明暗五调子完全不同，其明暗交界线不明显，且高光和反光微弱，在绘制的时候可通过两种材质的对比来增进该产品的视觉效果。

视频：搅拌机手柄马克笔绘制

■ **任务实施**

步骤一：绘制结构，确定明暗交界线（图 6-12）。

步骤二：使用 CG268 马克笔绘制出大体的亮面和暗面，使用 CG269 马克笔叠加出亮灰面过渡，使用 CG270 马克笔叠加出亮灰面过渡（图 6-13）。

图 6-12 绘制线条稿

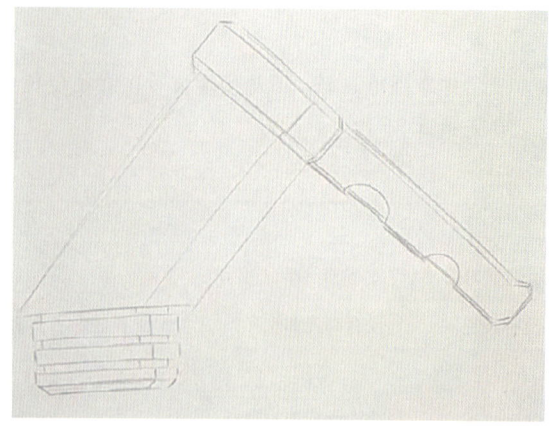

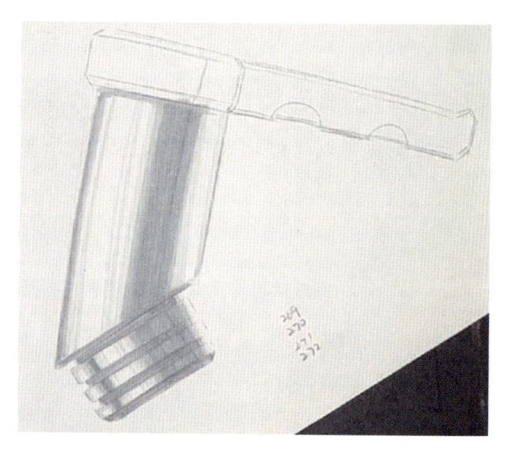

图 6-13 分出两大面

步骤三：使用 CG271、CG272、CG273 马克笔叠加出亮、灰、暗面过渡，塑造金属质感（图 6-14）。

步骤四：用高光笔勾画高光和反光（图 6-15）。

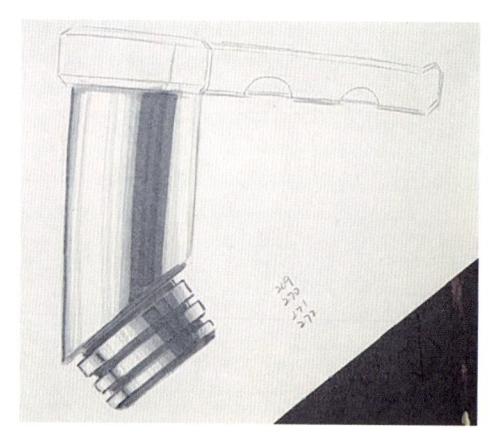

图 6-14 塑造质感

图 6-15 勾画高光和反光

步骤五：使用 CG270 马克笔绘制手柄底色，使用 CG272、CG273 马克笔叠加出暗面（图 6-16）。

步骤六：使用 CG273 马克笔勾出手柄弯曲侧面（图 6-17）。

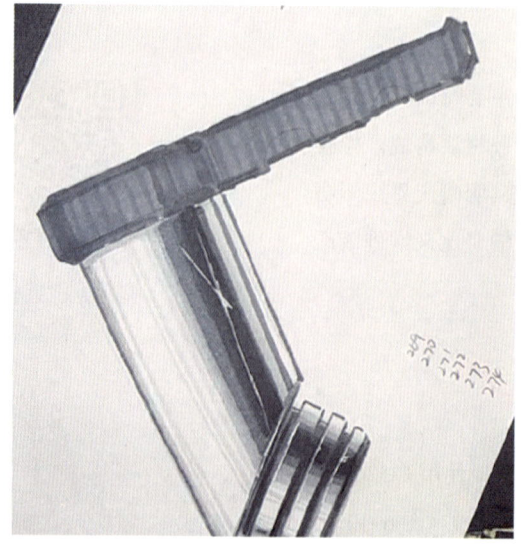

图 6-16 绘制手柄

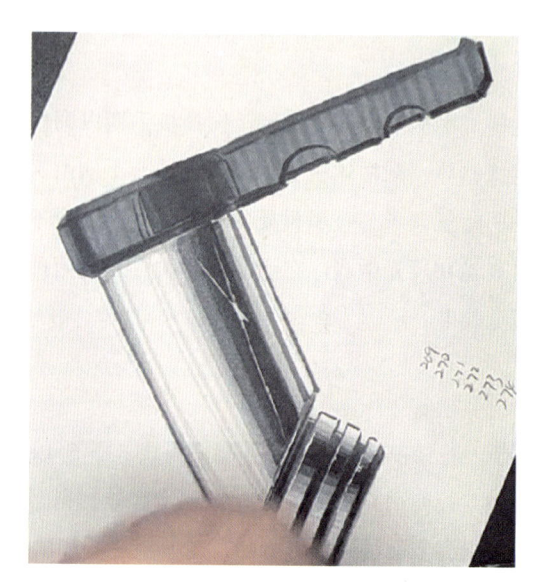

图 6-17 塑造手柄立体感

步骤七：使用白色高光笔勾线，制造反光点（图6-18）。

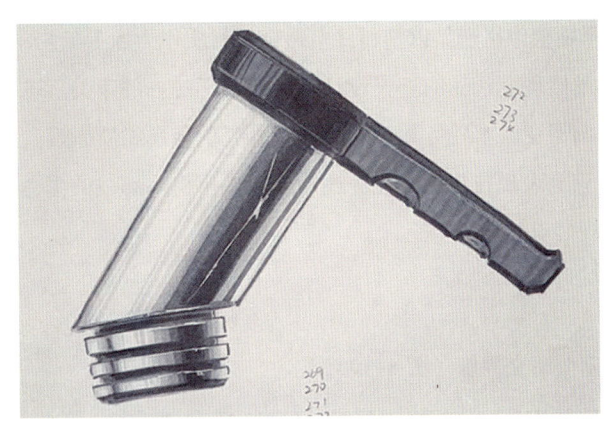

图 6-18 细节刻画

■ 你学会了吗？

请用下面的评价表来评一评吧，获得的星星越多，表示你掌握得越好，不足的地方可以看技巧梳理，通过技巧的提示可以更好地掌握绘制的秘诀，多练习，才有提升。

具体要求	评价标准				技巧梳理
	完成情况（请对照具体要求，在符合情况的框内打"√"，单选）				
1 机头	高光和反光强烈、透亮，明暗交界线强烈、明显 ☆☆☆☆□	反光不够亮，暗面不够暗，面积过大 ☆☆☆□	没有反光，明暗交界线位置错误 ☆☆□	反光很暗，不能够表现金属质感 ☆□	保持住反光的亮色，可以留白不上色
2 手柄	底色为深色，凹凸感强 ☆☆☆☆□	整体颜色过浅，反光过量 ☆☆☆□	未塑造凹凸感 ☆☆□	质感弱 ☆□	可先使用CG273马克笔进行平涂，来降低色度
3 笔触	笔触叠加有秩序 ☆☆☆☆□	笔触叠加不明显 ☆☆☆□	笔触杂乱 ☆☆□	没有笔触 ☆□	运笔要干脆，先浅后深

» 高阶任务 «

任务三 摄像机绘制

■ 工具准备

A4纸张，399黑色彩铅，白色高光笔，双头勾线笔，灰色系马克笔：CG268、CG269、CG270、CG272、CG273。

99

■ 任务分析

摄像机如图6-3所示。早期摄像机产品以塑料件电镀金属材质作为加工工艺，使产品外壳呈现金属质感，给消费者一种昂贵的感觉。虽然现有产品的外壳设计已经超越了过去的审美诉求，但金属材质以反映品质的贵重、精密、稳定的特性依旧不变。本任务通过对摄像机外壳的金属材质表现，来掌握复杂形体，尤其是曲面和曲面交接的金属材质马克笔表现技巧。本任务还涉及摄像机机头部位的深色塑料件表现，另外，机头部位凹陷的玻璃镜头的材质表现是点睛之笔。

■ 任务实施

步骤一：绘制结构，确定明暗交界线（图6-19）。

图 6-19　线条稿

视频：摄像机线条图绘制

视频：摄像机马克笔绘制

步骤二：使用CG268马克笔画出人体的亮面和暗面，使用CG269马克笔叠加出亮灰面过渡，使用CG270马克笔叠加出亮灰面过渡（图6-20）。

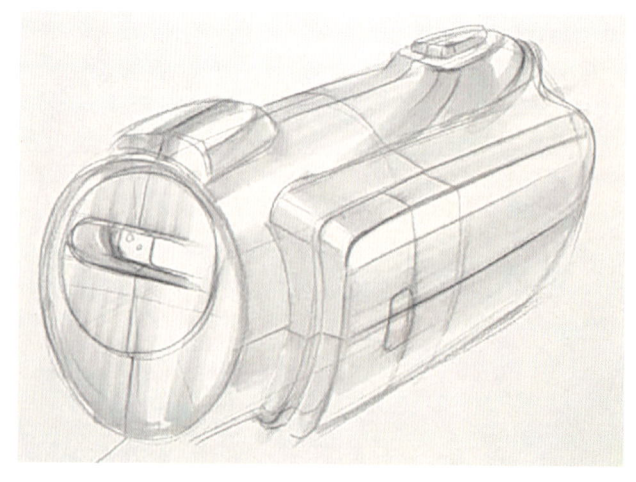

图 6-20　分出两大面

步骤三：使用CG271马克笔叠加出亮灰面、暗面过渡。使用CG272、CG273马克笔叠加出暗面过渡（图6-21）。

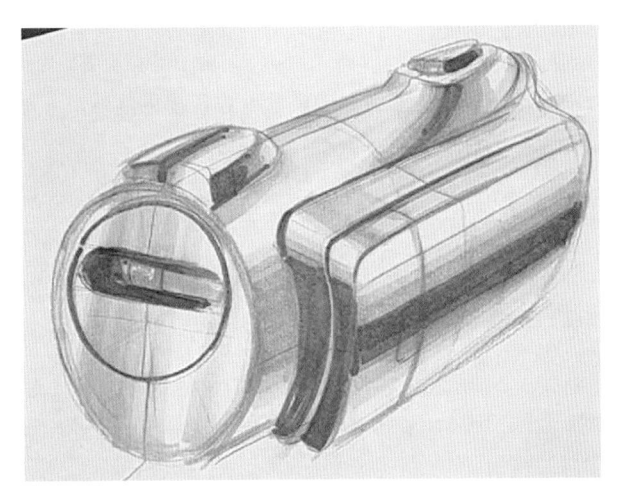

图 6-21 加重明暗交界线

步骤四：使用 CG272、CG273 马克笔绘制出镜头盖，使用全黑马克笔刻画玻璃镜头，并且使用双头勾线笔勾画出分型线（图 6-22）。

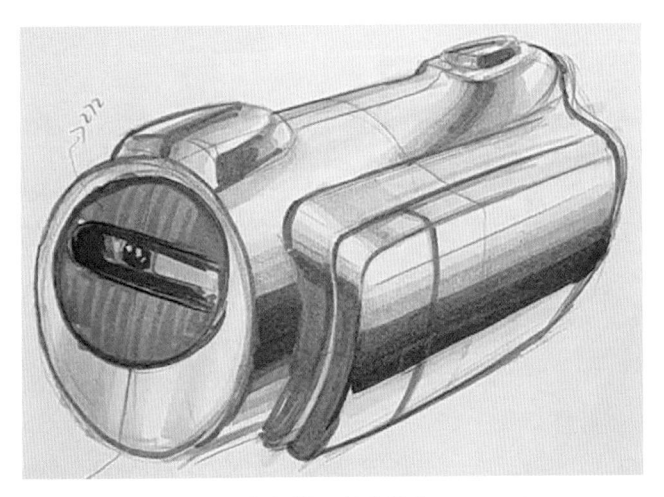

图 6-22 刻画镜头

步骤五：使用白色高光笔表达出高光和反光的金属质感，并在分型线处进行高光表现（图 6-23）。

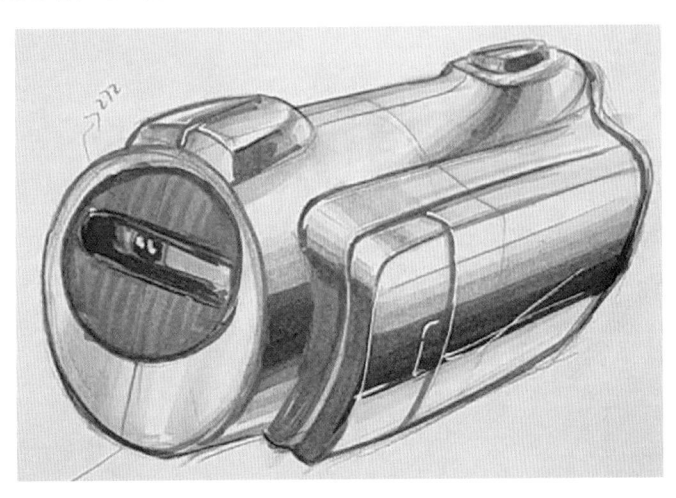

图 6-23 刻画细节及分型线

■ 你学会了吗？

请用下面的评价表来评一评吧，获得的星星越多，表示你掌握得越好，不足的地方可以看技巧梳理，通过技巧的提示可以更好地掌握绘制的秘诀，多练习，才有提升。

具体要求	评价标准				技巧梳理
	完成情况（请对照具体要求，在符合情况的框内打"√"，单选）				
1 机身	高光和反光强烈、透亮，明暗交界线强烈、明显	反光不够亮，暗面不够暗，面积过大	没有反光，明暗交界线位置错误	反光很暗，不能够表现金属质感	保持住反光的亮色，可以留白不上色
	☆☆☆☆□	☆☆☆□	☆☆□	☆□	
2 镜头	镜头盖底色为深色，凹凸感强；玻璃镜头质感强	整体颜色过浅，反光过量；玻璃镜头高光弱	未塑造凹凸感，未表达玻璃镜头	整体质感弱	可先用CG273马克笔进行平涂来降低色度。高光可以用高光笔飞白
	☆☆☆☆□	☆☆☆□	☆☆□	☆□	
3 笔触	笔触叠加有秩序	笔触叠加不明显	笔触杂乱	没有笔触	运笔要干脆，先浅后深
	☆☆☆☆□	☆☆☆□	☆☆□	☆□	

》 拓展任务 《

任务四 水龙头绘制

水龙头如图6-4所示，其范画如图6-24所示。

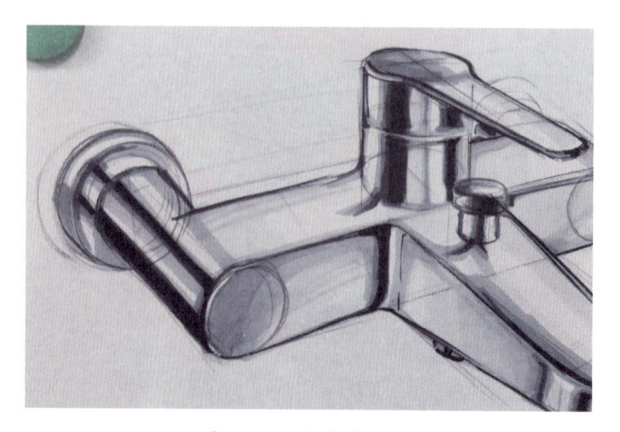

图6-24 水龙头范画

视频：水龙头马克笔绘制

你掌握得如何？

请将完成的作品和范画进行比对，用下面的量表来自我评价一下吧，获得的星星越多，表示你掌握得越好，不足的地方需要回到本项目前几个任务中梳理技巧，通过技巧的提示可以更好地掌握绘制的秘诀。希望同学们能够不懈努力，做到最好！

评价量表						
项目		具体内容	非常好	较好	一般	有错误	还需努力
1	线条	流畅度	☆☆☆☆☆□	☆☆☆☆□	☆☆☆□	☆☆□	☆□
		线条类型	☆☆☆☆☆□	☆☆☆☆□	☆☆☆□	☆☆□	☆□
2	透视	近大远小	☆☆☆☆☆□	☆☆☆☆□	☆☆☆□	☆☆□	☆□
3	笔触	融合度	☆☆☆☆☆□	☆☆☆☆□	☆☆☆□	☆☆□	☆□
4	形体	比例尺度	☆☆☆☆☆□	☆☆☆☆□	☆☆☆□	☆☆□	☆□
		结构分型	☆☆☆☆☆□	☆☆☆☆□	☆☆☆□	☆☆□	☆□
		金属质感	☆☆☆☆☆□	☆☆☆☆□	☆☆☆□	☆☆□	☆□
5	构图	饱满度	☆☆☆☆☆□	☆☆☆☆□	☆☆☆□	☆☆□	☆□
6	用时	少于 40 min	☆☆☆☆☆□	☆☆☆☆□	☆☆☆□	☆☆□	☆□

项目七　木纹材质产品绘制

项目分析

木头材质作为常用的产品材料，是设计师表达产品情感的重要手段。随着新型工艺的诞生，木头材质已经被广泛应用于各行各业，而其木纹特征依旧来自最原始的木头纹理。本项目根据木头加工工艺中削切方式的不同，将木纹归纳为横纹、竖纹及斜纹三种基本类型。通过木制沙发的绘制训练，掌握木纹材质产品的表达规律，从而更好地创作与设计（图 7-1～图 7-3）。

图 7-1　木块

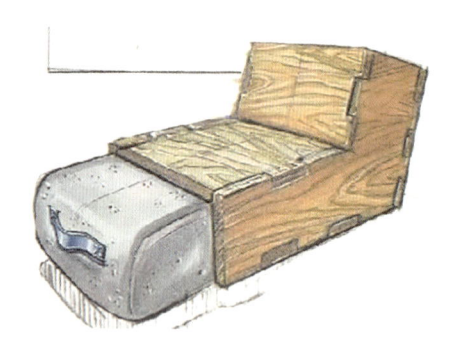

图 7-2　木制沙发

图 7-3　木头提篮

学习目标

知识目标

认识木纹生长的现象;理解木头材质的纹理特征;掌握木纹的透视表现。

能力目标

会辨识木头材质表面的纹理关系;能绘制木头材质的纹理;掌握木头材质的绘制方法。

素养目标

养成观察和归纳物象的习惯及科学严谨的绘图意识;培育精益求精的工匠精神。

任务清单

项目七 木纹材质产品绘制

学习阶段	任务细分	重难点	学习建议
初阶任务	任务一 木纹绘制	木头纹理表达	课前任务
中阶任务	任务二 木块绘制	木头纹理立体表现	课中任务
高阶任务	任务三 木制沙发绘制	木头板材工艺表现	
拓展任务	任务四 木头提篮绘制	木头纹理综合应用	课后任务

课件:木纹材质产品绘制

» 初阶任务 «

任务一 木纹绘制

■ **工具准备**

A4 纸张、399 黑色彩铅。

■ **任务分析**

木头的种类很多，常运用于产品的木头有榉木、檀木、松木、梨花木等。它们都拥有年轮这个典型特征。根据木头加工工艺中削切方式的不同，可将木纹（年轮）归纳为横纹、竖纹及斜纹三种基本类型。再根据不同树木的独特性，变化年轮线的形状、颜色，即可得到丰富的木纹，为设计增添视觉冲击力。

■ **任务实施**

（1）横切木纹（图7-4）：圆柱形树干横切后形成一个个近似圆形的薄片，作为产品生产加工使用。其表面呈现一圈一圈的特点，根据年轮同心圆的特征，围绕中心点进行圈形纹理绘制，绘制的时候注意木头生长和雨水、阳光的关系，它们的线条之间有疏密变化，线条本身也有粗细变化，有一些还具有结痂，因此线条上还具有一些浓缩的点。

（2）竖切木纹（图7-5）：圆柱形树干被砍倒后，从中间劈开，形成一片一片的方形木板，木板纹理呈现线条三角聚拢状，也是和雨水、阳光有关，生长的时候粗细不同，线条的疏密也不同。

（3）斜削木纹（图7-6）：圆柱状树干用类似卷笔刀工具对其进行卷削，之后压制成平整的片状。其木纹呈连续方向交叉的三角聚拢状，且上下回旋，形成富有动态感的装饰木片。

视频：木纹绘制

图7-4 横切木纹 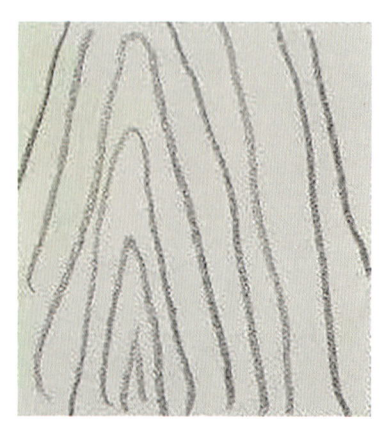　　　图7-5 竖切木纹 　　　图7-6 斜削木纹

你学会了吗？

请用下面的评价表来评一评吧，获得的星星越多，表示你掌握得越好，不足的地方可以看技巧梳理，通过技巧的提示可以更好地掌握绘制的秘诀，多练习，才有提升。

具体要求	评价标准				技巧梳理
	完成情况（请对照具体要求，在符合情况的框内打"√"，单选）				
	年轮	线条排列	线条形状	形式感	
1 横切纹	年轮呈圈状，形状不同，间隙不一，且有结痂点	年轮呈圈状，形状不同，间隙不一	年轮呈圈状，局部形状不同，但间隙过于均匀	年轮呈圈状，但缺乏变化	1. 年轮是有生命的，粗细和疏密变化反映了生命的力量感。 2. 线条要有起伏变化
	☆☆☆☆□	☆☆☆□	☆☆☆□	☆☆☆□	
2 竖切纹	年轮线条呈三角放射状，线条粗细不同，间隙不一，且有结痂点	年轮线条呈三角状，线条粗细不同，间隙大小不一	年轮线条呈三角状，形状不同	年轮线条无三角状	
	☆☆☆☆□	☆☆☆□	☆☆☆□	☆☆☆□	
3 斜削纹	年轮线条呈多个尖角状，头尾对应，粗细、疏密有变化	年轮线条呈多个尖角状，头尾对应	年轮线条呈多个尖角状	年轮线条无尖角状	
	☆☆☆☆□	☆☆☆□	☆☆☆□	☆☆☆□	

» 中阶任务 «

任务二 木块绘制

工具准备

A4 纸张，白色高光笔，399 黑色彩铅，Y225、Y224、Y226、R5 黄色系马克笔。

任务分析

木块如图 7-1 所示。在掌握了木纹在平面上的不同表现之后，要想将平面的木纹线表现至立体的产品形态上，就需要考虑木纹线的曲线透视。因此，本任务通过木纹的曲线透视分析和应用，从立方体入手，掌握绘制木纹的透视和面与面转折木纹线的绘制方法。在马克笔技巧方面，主要运用了色彩叠加的方法，先浅后深进行堆叠，表达出木头纹理生长的生命感。

视频：木块绘制

任务实施

步骤一：绘制木纹的曲线透视关系，并在木纹转折和年轮中心附近增加结痂点（图7-7）。

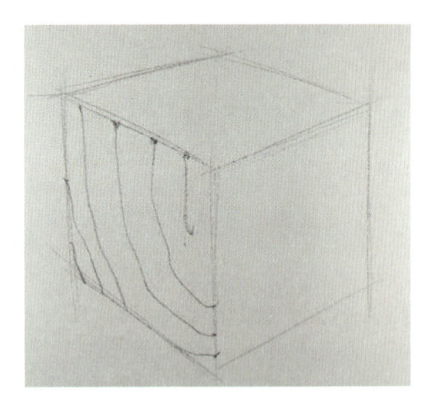

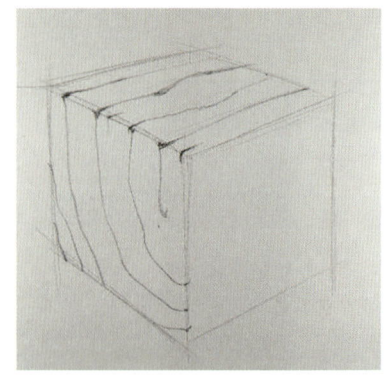

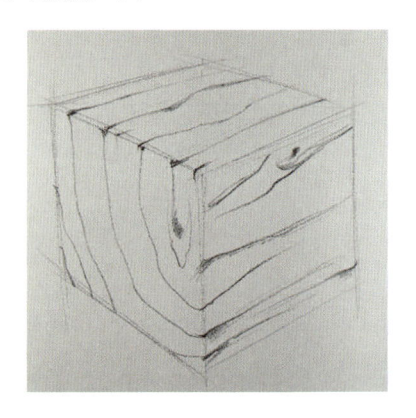

图7-7 纹理线条图

步骤二：用Y225马克笔绘制出灰面，笔触沿着纹路进行上色；用Y224马克笔绘制出亮面，注意亮面的笔触稍微少一些，露出高光。笔触沿着纹路进行上色；用Y226马克笔绘制出暗面，笔触沿着纹路进行上色（图7-8）。

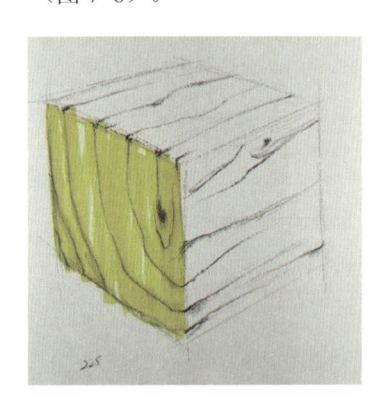

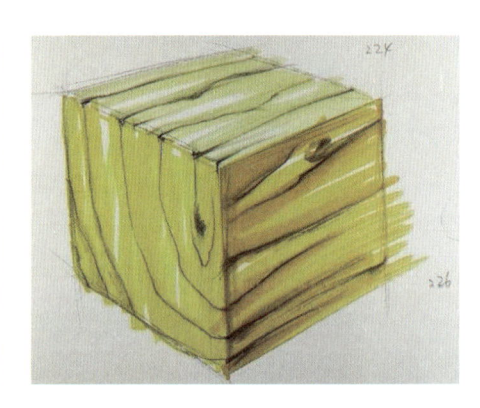

图7-8 绘制三大面

步骤三：用Y225马克笔在亮面叠加，表达出颜色的层次感；用Y226马克笔在灰面叠加，表达出纹理的层次感，要沿着纹路进行上色且有笔锋；用R5马克笔在暗面叠加，加深纹理的立体感（图7-9）。

步骤四：用高光笔在边沿勾出高光点，继续增强木头纹理的立体感。可以通过CG271、CG272、CG273马克笔进行叠加加深暗面的效果，增加投影（图7-10）。

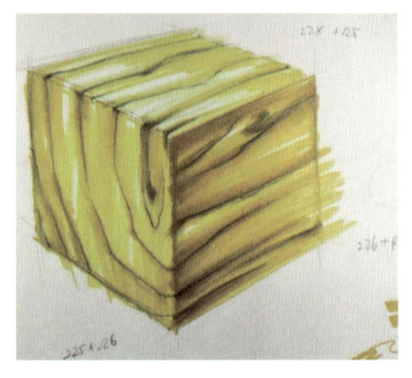

图7-9 笔触叠加出凹凸感　　　　图7-10 绘制细节

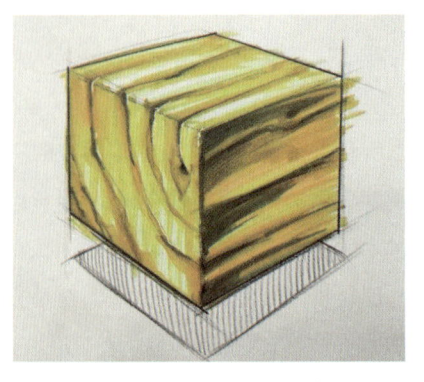

你学会了吗？

请用下面的评价表来评一评吧，获得的星星越多，表示你掌握得越好，不足的地方可以看技巧梳理，通过技巧的提示可以更好地掌握绘制的秘诀，多练习，才有提升。

具体要求	评价标准 完成情况（请对照具体要求，在符合情况的框内打"√"，单选）				技巧梳理
1 纹理	纹理组织符合生长规律，疏密有致，且有结痂点，线条有生命力	纹理有粗细对比，疏密变化小，无结痂点	纹理间隙对比和疏密变化弱	纹理没有变化	在表达木纹的方向和粗细、疏密时可以将笔倾斜，增加笔头的宽度，这样可以画粗的线条，来表达木头的生命感和力量感
	☆☆☆☆□	☆☆☆□	☆☆□	☆□	
2 体积感	明暗变化有层次，能呈现一定的立体感，且表现自然	明暗有变化，具有立体感	明暗变化和立体感弱	没有明暗变化	木纹的凹凸变化要运用黄色的马克笔由浅到深进行叠加，还可压399黑色彩铅的线来增加线条的深度
	☆☆☆☆□	☆☆☆□	☆☆□	☆□	

》 高阶任务 《

任务三　木制沙发绘制

■ 工具准备

A4纸张，白色高光笔，399黑色彩铅，Y225、Y224、Y226、R5黄色系马克笔，灰色马克笔。

■ 任务分析

木制沙发如图7-2所示。木头材质的产品一般采用榫卯结构，该产品以榫卯结构中最简单的契合方式组合成一个沙发主体，这些木板为原木，也就是自然生长的木头通过竖切加工获得，因此在绘制的时候尤其注意木板的凹槽侧面纹理，要符合木头生长的特性。除此之外，该沙发还包含了一个灰色纤维材质的脚靠，纤维材质具有独有的质感，手绘示范中将用点的方法来表现质感，使木头和纤维材质形成对比。

视频：木制沙发线条图绘制

视频：木沙发马克笔绘制

■ 任务实施

步骤一：绘制出线条图，注意木板和木板之间的嵌合关系（图7-11）。

步骤二：根据嵌合关系绘制木纹，尤其注意木片横截面纹理的准确性（图 7-12）。
步骤三：用 Y224 马克笔绘制三大面，注意先用 Y224 马克笔勾画纹理（图 7-13）。
步骤四：用 Y225 马克笔绘制出灰面，沿着纹路进行上色（图 7-14）。
步骤五：用 Y226 马克笔绘制出暗面，沿着纹路进行上色，并刻画榫卯结构（图 7-15）。
步骤六：用灰色马克笔绘制纤维材质（图 7-16）。

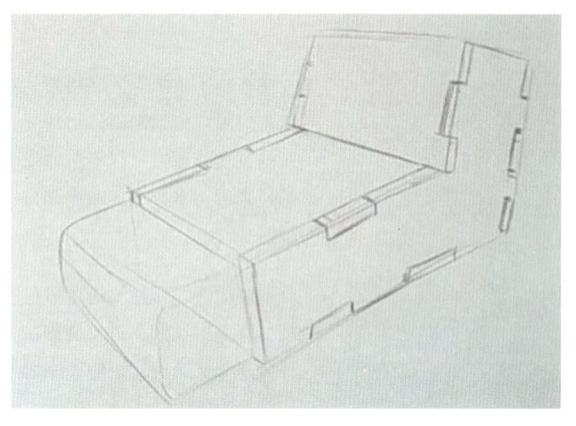

图 7-11　线条图

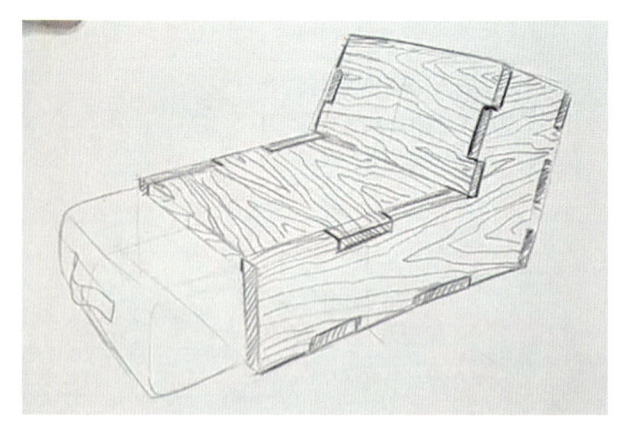

图 7-12　绘制木纹

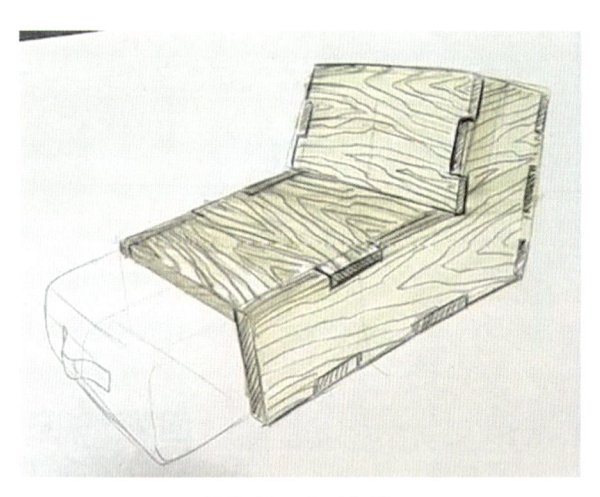

图 7-13　纹理绘制

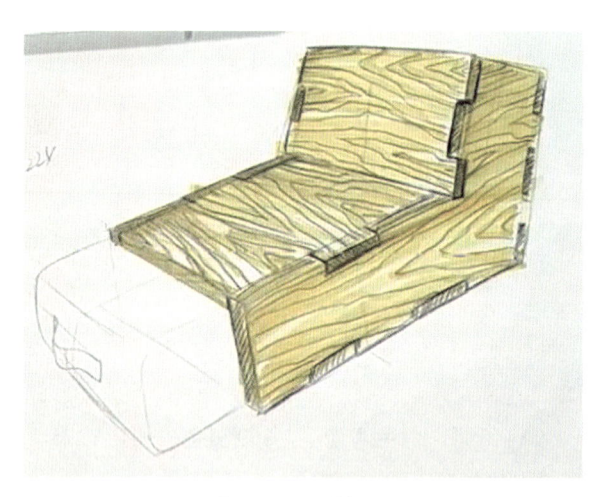

图 7-14　加深纹理

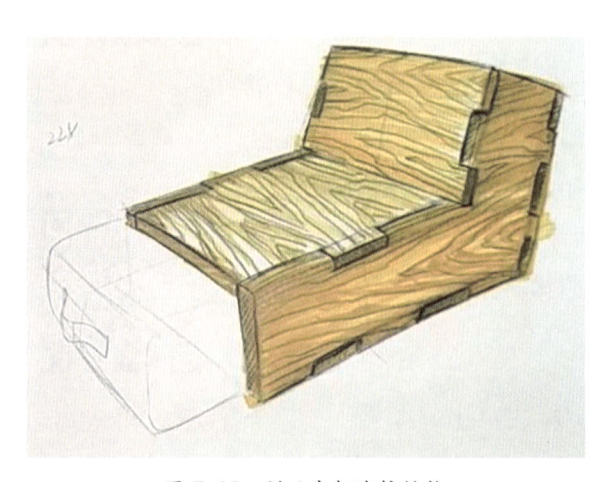

图 7-15　刻画木板连接结构

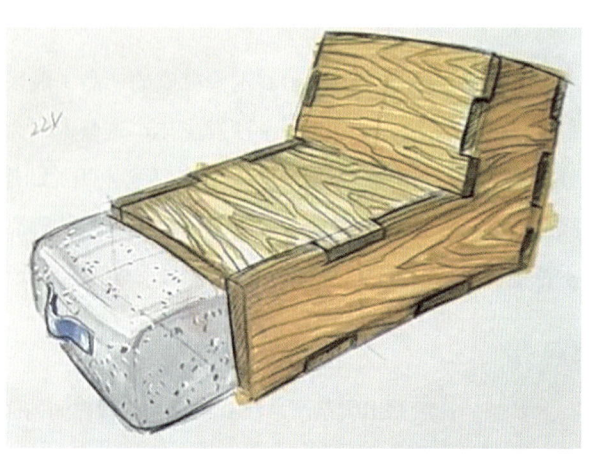

图 7-16　绘制纤维材质

步骤七：勾线，并用高光笔在亮面和正侧面交接处刻画出高光（图7-17）。

步骤八：增加侧视图并进行构图（图7-18）。

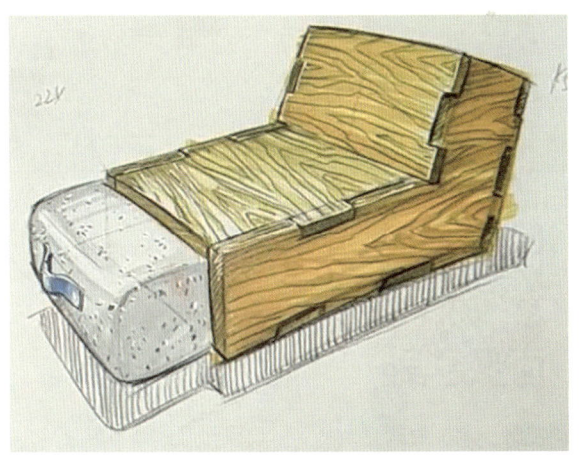

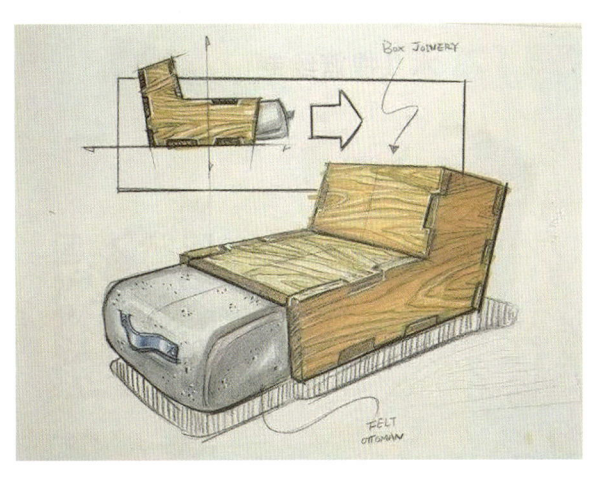

图7-17 刻画细节

图7-18 构图

■ 你学会了吗？

请用下面的评价表来评一评吧，获得的星星越多，表示你掌握得越好，不足的地方可以看技巧梳理，通过技巧的提示可以更好地掌握绘制的秘诀，多练习，才有提升。

具体要求	评价标准				技巧梳理
	完成情况（请对照具体要求，在符合情况的框内打"√"，单选）				
1　材质	木纹符合生长和加工规律，疏密有致，纹理立体，纤维材质表达细腻	木纹基本符合加工工艺特征，纹理明显，纤维材质能够辨别	木纹不符合加工工艺特征，木纹和纤维材质有区别	木纹与纤维材质不明显	1.通过木纹的方向和粗细、疏密来表达木头的生命感和力量感。 2.通过灰色马克笔结合不规则点来表达出纤维的粗糙感
	☆☆☆☆□	☆☆☆□	☆☆□	☆□	
2　体积感	明暗五调子丰富，层次有序，体积感强	三大面准确，具有一定的体积感	三大面不准确，立体感较弱	暗面和亮面表现错误，缺乏立体感	1.木纹的凹凸变化要运用黄色的马克笔由浅到深进行叠加，还可在暗面用399黑色彩铅排线加深暗面。 2.亮面的接缝处可以用高光笔增加效果
	☆☆☆☆□	☆☆☆□	☆☆□	☆□	

111

》 拓展任务 《

任务四 木头提篮绘制

木头提篮如图 7-3 所示。

视频：木头提篮线条图绘制　　视频：木头提篮马克笔绘制

■ 你掌握得如何？

请将完成的作品和范画进行比对，用下面的量表来自我评价一下吧，获得的星星越多，表示你掌握得越好，不足的地方需要回到本项目前几个任务中梳理技巧，通过技巧的提示可以更好地掌握绘制的秘诀。希望同学们能够不懈努力，做到最好！

评价量表						
	项目	具体内容	非常好	较好	一般	有错误	还需努力
1	线条	流畅度	☆☆☆☆☆□	☆☆☆☆□	☆☆☆□	☆☆□	☆□
		线条类型	☆☆☆☆☆□	☆☆☆☆□	☆☆☆□	☆☆□	☆□
2	透视	近大远小	☆☆☆☆☆□	☆☆☆☆□	☆☆☆□	☆☆□	☆□
3	笔触	叠加融合	☆☆☆☆☆□	☆☆☆☆□	☆☆☆□	☆☆□	☆□
4	形体	比例尺度	☆☆☆☆☆□	☆☆☆☆□	☆☆☆□	☆☆□	☆□
		结构分型	☆☆☆☆☆□	☆☆☆☆□	☆☆☆□	☆☆□	☆□
		木材质感	☆☆☆☆☆□	☆☆☆☆□	☆☆☆□	☆☆□	☆□
5	构图	饱满度	☆☆☆☆☆□	☆☆☆☆□	☆☆☆□	☆☆□	☆□
6	用时	少于 40 min	☆☆☆☆☆□	☆☆☆☆□	☆☆☆□	☆☆□	☆□

项目八　透明材质产品绘制

项目分析

透明材质具有通透性，给人一种轻盈、清新的感觉。现如今很多透明材质采用亚克力制造工艺成型，在产品造型中使用普遍。本项目主要对杯子、护目镜、咖啡机产品进行透明材质的表现技巧训练（图8-1～图8-3）。透明材质有玻璃也有亚克力，材质有软质也有硬质。透明材质的主要表现特征由材质的颜色、厚度、弯曲度及叠加的层数来决定。一般情况下，透明材质受光照射其反光和高光一致，光线穿透透明层，投射到地面的影子由不透光的厚度决定。并且透明材质厚度越厚，横截面颜色越深，叠加层数越多，透光性会减弱，看起来颜色略深，同时也影响位于透明材质背后的物体颜色。透明材质最突出的一点是物体叠于透明材质后，会产生光传播的折射效果，我们常常看到一根吸管插在玻璃杯里，杯子外面的轮廓线和杯子里面吸管的轮廓线会错位，这就是折射现象，并且透明材质厚度越厚，折射现象越明显，材质表面越弯曲，折射变形更加强烈。因此，在绘制时抓住透明材质透光性、透叠、折射三大特性，就能表现好透明材质的质感。

图8-1　插吸管玻璃杯 　　　　　　　图8-2　护目镜 　　　　　　　图8-3　咖啡机

113

学习目标

知识目标

认识透叠的现象；理解透明材质的反光特征；掌握折射的特征表现。

能力目标

会辨识材料的透明性状；能表现出透明材质的折射特征；掌握透叠的绘制技巧。

素养目标

养成观察和归纳物象的习惯及科学严谨的绘图意识；培育精益求精的工匠精神。

任务清单

项目八　透明材质产品绘制

学习阶段	任务细分	重难点	学习建议
初阶任务	任务一　透明材质透叠绘制	透明材质的透叠效果表达	课前任务
中阶任务	任务二　插吸管玻璃杯绘制	透明材质的折射效果及规律的表达	课中任务
高阶任务	任务三　护目镜透明材质绘制	透明材质的透叠效果、折射效果及规律的应用	
拓展任务	任务四　咖啡机的绘制	透明材质的透叠效果、折射效果及规律的拓展	课后任务

课件：透明材质产品绘制

» 初阶任务 «

任务一 透明材质透叠绘制

■ **工具准备**

A4纸张，白色高光笔，399黑色彩铅，CG268、CG269、CG270马克笔。

■ **任务分析**

三块玻璃叠加，会产生透叠和折射的效果。玻璃本身没有颜色，因此应控制马克笔的色号，从最浅色入手。当堆叠的层次多时，可以适当增加灰色色号。最重要的是叠加效果中穿过玻璃的轮廓线的变形，这在线稿阶段就应该先绘制出来。

■ **任务实施**

步骤一：绘制出叠加的三个玻璃片轮廓线的线条效果图（图8-4）。

步骤二：用CG268马克笔对单块玻璃进行平涂，注意厚度部分要用CG269马克笔进行平涂色（图8-5）。

步骤三：用CG270马克笔平涂出玻璃片叠加的共同部分，最后用白色高光笔将玻璃的边缘勾线，同时在叠加部分的玻璃边沿进行勾边（图8-6）。

视频：透叠绘制

图8-4 线条稿　　　　图8-5 一次平涂　　　　图8-6 二次平涂

■ **你学会了吗？**

请用下面的评价表来评一评吧，获得的星星越多，表示你掌握得越好，不足的地方可以看技巧梳理，通过技巧的提示可以更好地掌握绘制的秘诀，多练习，才有提升。

具体要求		评价标准		技巧梳理
		完成情况（请对照具体要求，在符合情况的框内打"√"，单选）		
1	折射	叠加部分交接处的轮廓线会发生位移，且透明材质厚度上有折射线 ☆☆☆□	叠加部分交接处的轮廓线会发生位移，透明材质厚度上没有折射线 ☆☆□	叠加部分交接处的轮廓线没有发生位移 ☆□	1.折射效果下，物体将通过上一层的干扰而发生错位。 2.控制马克笔的运笔速度，用平行排线快速进行，才能将颜色融合起来，表达出透明材质的整体感。 3.高光线画到棱边上效果更好
2	透叠	叠加层数越多，颜色越深，中间透明边界暗 ☆☆☆□	叠加的层数和颜色的变化不明显，同一透明面上颜色均匀没有变化 ☆☆□	叠加的不同层数的颜色明度一致，且无变化 ☆□	
3	反光	透明材质的边缘线有反光，且位置准确 ☆☆☆□	透明材质的边缘线有反光，但位置不明确 ☆☆□	透明材质的边缘线没有反光 ☆□	

》 中阶任务 《

任务二 插吸管玻璃杯绘制

■ 工具准备

A4 纸张，399 黑色彩铅，CG268、CG270、CG272 马克笔，红色马克笔，白色高光笔。

■ 任务分析

当玻璃杯插入吸管后，吸管的轮廓线发生了变形（图 8-1），这是首要注意的，线稿阶段要绘制出来。其次，该杯子材质较厚，杯口不透光，需要深色绘制。最后，在杯壁的底端连接底面会产生一个交接的棱线，棱线汇聚到角上，即形成一个暗点。抓住这三个特征，可以基本表达出透明杯子。

■ 任务实施

步骤一：绘制出玻璃杯的基本结构线，以及吸管的折射效果（图 8-7）。

步骤二：用 CG268 马克笔绘制出透明材质的厚度特征和投影，并用 399 黑色彩铅塑造三个杯角上三角形暗点（图 8-8）。

步骤三：用 CG270、CG272 马克笔绘制出投影和透叠（图 8-9）。

视频：插吸管玻璃杯绘制

步骤四：用红色马克笔绘制出吸管（图8-10）。

步骤五：用399黑色彩铅勾出轮廓线，用白色高光笔勾出高光线（图8-11）。

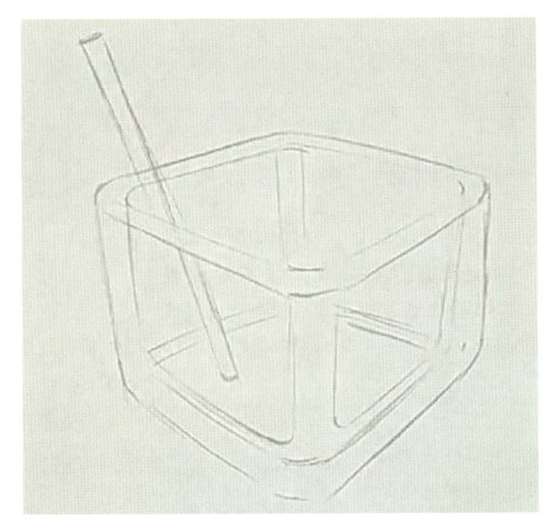

图8-7　线条稿

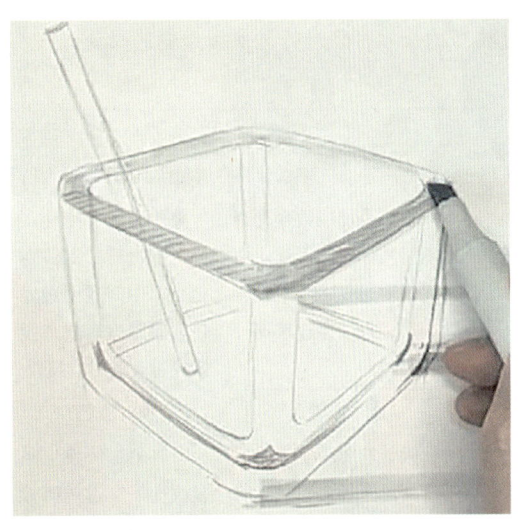

图8-8　绘制厚度

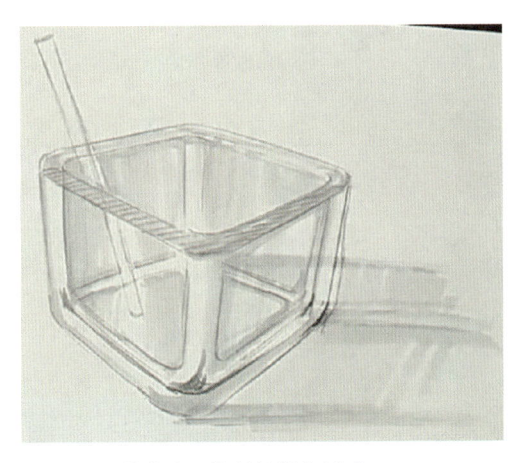

图8-9　绘制投影和透叠

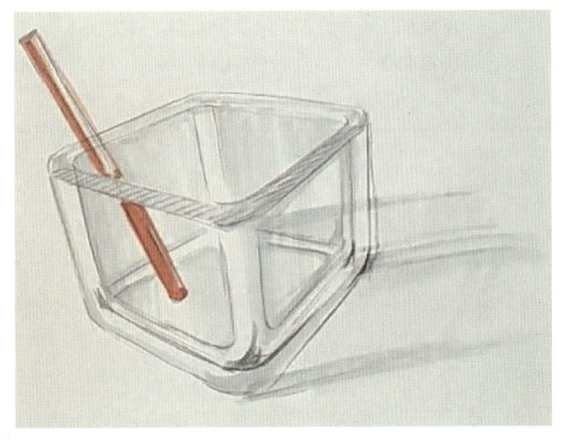

图8-10　绘制吸管

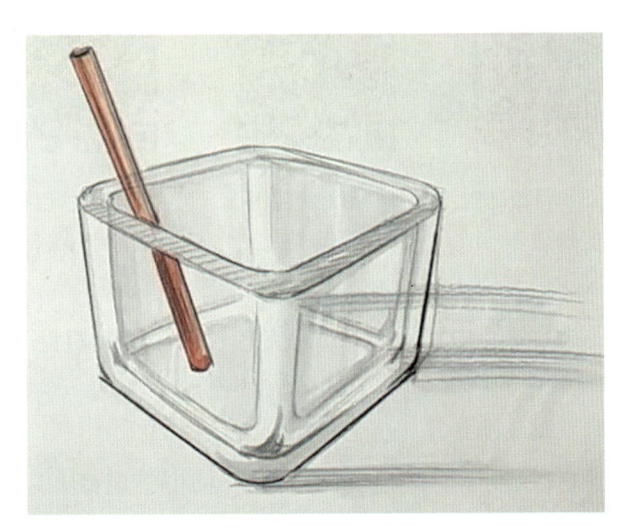

图8-11　勾轮廓线和高光线

■ 你学会了吗？

请用下面的评价表来评一评吧，获得的星星越多，表示你掌握得越好，不足的地方可以看技巧梳理，通过技巧的提示可以更好地掌握绘制的秘诀，多练习，才有提升。

具体要求		评价标准				技巧梳理
		完成情况（请对照具体要求，在符合情况的框内打"√"，单选）				
1	透叠	根据叠加层数变化透明材质颜色的深浅，中间透明边界暗，有厚度表现，投影穿过玻璃时有错位	叠加层数有变化，但透明材质的深浅变化小，中间透明边界暗，有厚度表现，投影穿过玻璃时有错位	透明材质的深浅变化小，中间透明边界暗，有厚度表现，投影穿过玻璃时没有错位	材质的深浅无变化，没有厚度表现，投影穿过玻璃时没有错位	1. 折射效果下，物体有错位。 2. 高光和亮面一样亮，灰面略上浅色。 3. 反光部位要留白，保持通透感
		☆☆☆☆□	☆☆☆□	☆☆□	☆□	
2	折射	吸管轮廓线发生明显改变，穿过透明材质的投影线也发生位移	吸管轮廓线发生明显改变，穿过透明材质的投影线无位移	吸管轮廓线变化弱，穿过透明材质的投影线有发生位移	吸管轮廓线和投影线没有变化	
		☆☆☆☆□	☆☆☆□	☆☆□	☆□	
3	反光	反光和高光一样亮，且位置准确	反光弱，位置基本准确	反光弱，少部分位置错误	无反光	
		☆☆☆☆□	☆☆☆□	☆☆□	☆□	

» 高阶任务 «

任务三　护目镜透明材质绘制

视频：护目镜结构绘制　　视频：护目镜拓印法　　视频：护目镜透明感绘制

■ 工具准备

A4 纸张，399 黑色彩铅，CG268、CG269、CG270 马克笔，塑料网纤维材料。

■ 任务分析

护目镜如图 8-2 所示。护目镜作为透明材质的典型产品，是训练透明材质表达较好的素材。同时，护目镜具有一定的弹性，鼻托部分为较深的曲面结构，是绘制的难点。我们将从镜片、镜框、鼻托、绑带四个部分对护目镜进行形体塑造和透明质感的表达。

■ 任务实施

步骤一：绘制镜框的透视（图8-12）。

步骤二：拉伸出侧面，注意形体往拉伸的方向放射（图8-13）。

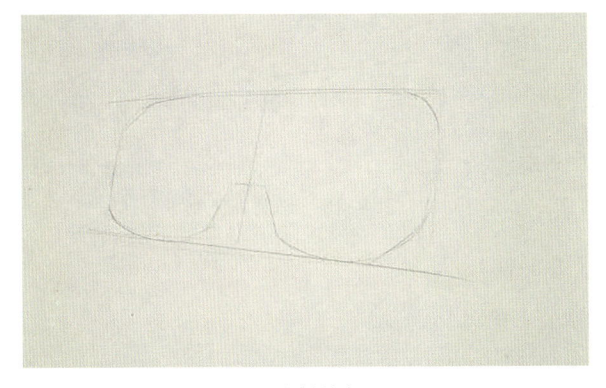

图8-12 绘制镜框

图8-13 挤压拉伸侧面

步骤三：绘制出鼻托部分的结构，注意运用剖面线来表达曲面结构（图8-14）。

步骤四：将叠于镜面下的侧面绘制出来，注意轮廓的错位特征（图8-15）。

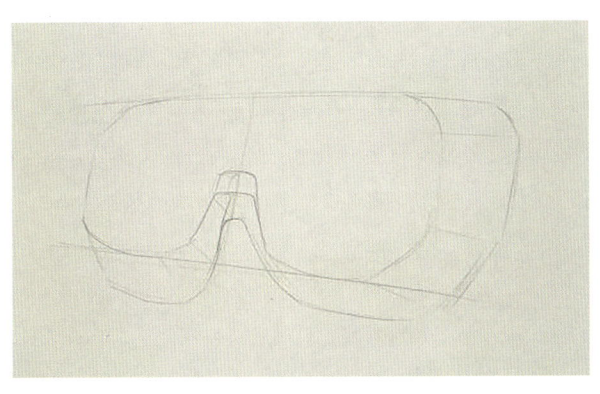

图8-14 鼻托结构

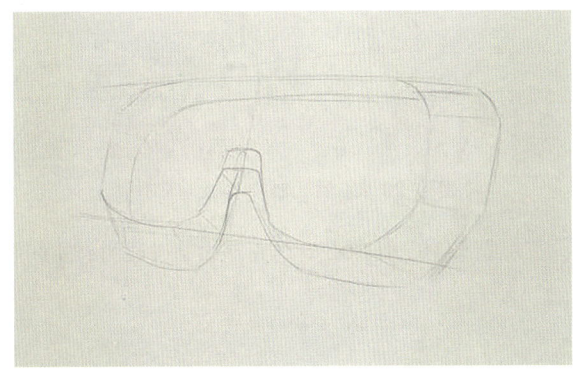

图8-15 透叠

步骤五：绘制出透明材质的厚度及护目镜的细节（图8-16）。

步骤六：绘制出明暗交界线，同时绘制出绑带，注意错位、变形特征的表达（图8-17）。

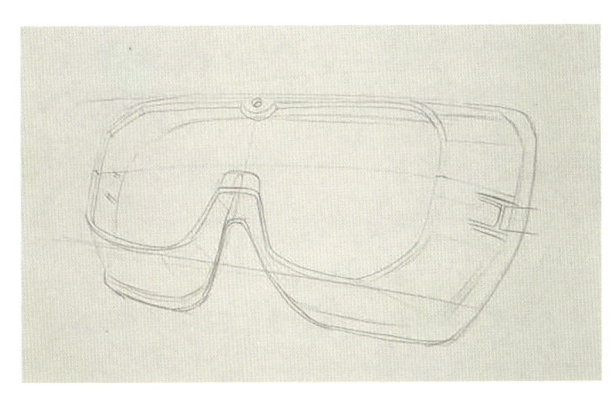

图8-16 绘制透明材质厚度

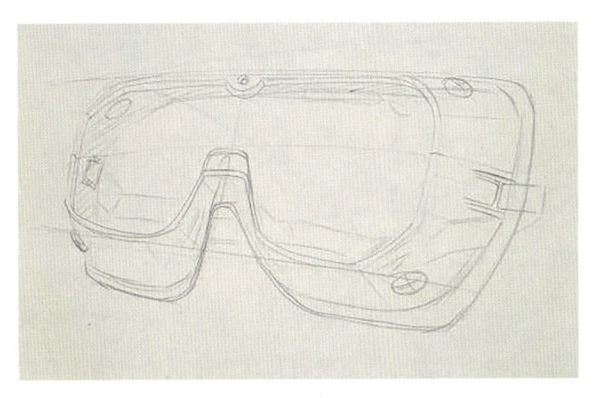

图8-17 绘制细节

步骤七：将塑料网纤维材料垫于画稿之下，运用拓印法表现出绑带的质感（图8-18）。

步骤八：用CG268马克笔绘制出暗面，同时描出高光形状（图8-19）。

图 8-18　拓印　　　　　　　　　　　　　　图 8-19　绘制高光形状

步骤九：用CG269马克笔叠加到暗面的明暗交界线（图8-20）。

步骤十：用CG270马克笔绘制出透叠效果（图8-21）。

图 8-20　绘制明暗交界线　　　　　　　　　图 8-21　加深叠加层的颜色

步骤十一：用CG270马克笔绘制出透明材质的厚度，以及细节部分（图8-22）。

图 8-22　绘制厚度和细节

■ 你学会了吗？

请用下面的评价表来评一评吧，获得的星星越多，表示你掌握得越好，不足的地方可以看技巧梳理，通过技巧的提示可以更好地掌握绘制的秘诀，多练习，才有提升。

具体要求	评价标准			技巧梳理
	完成情况（请对照具体要求，在符合情况的框内打"√"，单选）			
1 镜架主体透明度	色彩叠加丰富，有高光和反光，材质厚度表达明显，鼻托部位结构准确	透明材质基本表达准确，鼻托部位结构不明显	透明材质不明显，鼻托部位结构有错误	1. 折射效果下，物体有错位。 2. 叠加距离越远，影响越小。 3. 拓印时，不同的材质可表现不同的效果
	☆☆☆□	☆☆□	☆□	
2 绑带的材质感	纹理清晰，折射效果强，且有立体感	纹理有，折射效果强，较为平面	纹理弱，无折射效果	
	☆☆☆□	☆☆□	☆□	

》 拓展任务 《

任务四　咖啡机的绘制

咖啡机如图 8-3，其线条图如图 8-23 所示。

图 8-23　咖啡机线条图

| 素材：咖啡机图 | 视频：咖啡机平面图绘制 | 视频：咖啡机平面图上色 | 视频：咖啡机立体图绘制 | 视频：咖啡机立体图上色 |

你掌握得如何？

请将完成的作品和范画进行比对，用下面的量表来自我评价一下吧，获得的星星越多，表示你掌握得越好，不足的地方需要回到本项目前几个任务中梳理技巧，通过技巧的提示可以更好地掌握绘制的秘诀。希望同学们能够不懈努力，做到最好！

<table>
<tr><td colspan="7" align="center">评价量表</td></tr>
<tr><td>项目</td><td></td><td>具体内容</td><td>非常好</td><td>较好</td><td>一般</td><td>有错误</td><td>还需努力</td></tr>
<tr><td rowspan="2">1</td><td rowspan="2">线条</td><td>流畅度</td><td>☆☆☆☆☆□</td><td>☆☆☆☆□</td><td>☆☆☆□</td><td>☆☆□</td><td>☆□</td></tr>
<tr><td>线条类型</td><td>☆☆☆☆☆□</td><td>☆☆☆☆□</td><td>☆☆☆□</td><td>☆☆□</td><td>☆□</td></tr>
<tr><td>2</td><td>透视</td><td>近大远小</td><td>☆☆☆☆☆□</td><td>☆☆☆☆□</td><td>☆☆☆□</td><td>☆☆□</td><td>☆□</td></tr>
<tr><td>3</td><td>笔触</td><td>融合度</td><td>☆☆☆☆☆□</td><td>☆☆☆☆□</td><td>☆☆☆□</td><td>☆☆□</td><td>☆□</td></tr>
<tr><td rowspan="3">4</td><td rowspan="3">形体</td><td>比例尺度</td><td>☆☆☆☆☆□</td><td>☆☆☆☆□</td><td>☆☆☆□</td><td>☆☆□</td><td>☆□</td></tr>
<tr><td>结构分型</td><td>☆☆☆☆☆□</td><td>☆☆☆☆□</td><td>☆☆☆□</td><td>☆☆□</td><td>☆□</td></tr>
<tr><td>透明质感</td><td>☆☆☆☆☆□</td><td>☆☆☆☆□</td><td>☆☆☆□</td><td>☆☆□</td><td>☆□</td></tr>
<tr><td>5</td><td>构图</td><td>饱满度</td><td>☆☆☆☆☆□</td><td>☆☆☆☆□</td><td>☆☆☆□</td><td>☆☆□</td><td>☆□</td></tr>
<tr><td>6</td><td>用时</td><td>少于 60 min</td><td>☆☆☆☆☆□</td><td>☆☆☆☆□</td><td>☆☆☆□</td><td>☆☆□</td><td>☆□</td></tr>
</table>

模块三　数字表现

素材包：SketchBook
数字源文件

素材包：模块三　数字表现——源文件

项目九　蓝牙音箱绘制

项目分析

随着越来越多的数字化工具出现，对于工业设计工作者来说，数位板的掌握是必不可少的。现有的数字手绘工具主要依托平板和数位板两种方式。首先，平板由于其屏幕和笔触能实时直观呈现，容易上手，且工具携带方便，能够满足普通产品绘制的基本要求，深受大部分数字手绘爱好者喜爱。但 Pad 端对硬件要求较高，需要配置一支电容笔或绘图笔，总价昂贵，在实际操作中，系统运行缓慢问题较为突出。其次，就数位板而言，在配合计算机使用的状态下，工具硬件价格低，运行速度和内存需求大大优于 Pad 端，是专业人士和学生们的首选。但在使用数位板时需要眼手分离，手在板上绘制，眼通过计算机屏幕获得信息，在掌握的过程中需要一定的适应和训练，达到眼手脑三者高度统一。对于学习者来说，掌握了数位板的绘制技巧就可同时掌控 Pad 端的绘制技巧；反之则不然，因为跳过了眼手脑的训练环节。最后，数位板可以通过 OTC 接口连接到手机，实现手机屏幕端数字手绘的临时使用功能。因此，我们采用数位板作为主要的学习工具，是比较合理的方式。当然也可以采用平板进行。只要选择适合自己的工具，无论使用哪种工具，都可进行数字手绘。

在软件选择上，避开 iOS 系统和 macOS 系统的要求，我们对比 Photoshop（PS）和 SketchBook（SKB）两个软件，由于 PS 目前只能在 PC 端使用，所以考虑到后期作品的流通性和可修改性，我们选择 SketchBook 这款 PC 端、Pad 端、手机端三者都可兼容的高效数字手绘软件。

本项目通过立方体和蓝牙音箱的数字手绘，带领大家走进数字手绘的课堂。通过立方体的绘制，掌握图层、直线、明暗五调子、背景的绘制技巧；通过蓝牙音箱的绘制，掌握分层、纹理的应用、圆角处理、高光的创造等几个重要技巧（图 9-1 和图 9-2）。

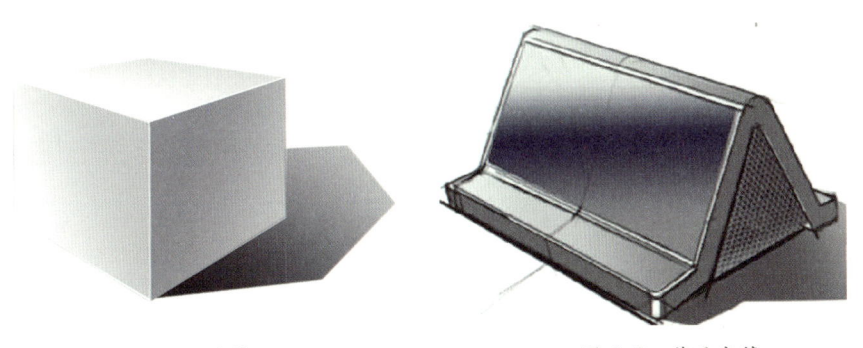

图 9-1　立方体　　　　图 9-2　蓝牙音箱

数位板工具采用高漫 1060 Pro（图 9-3）。数字手绘软件采用 SketchBook 2018（SketchBook 2020 需要 Windows 10 系统支持）。配合一台计算机即可使用，使用时的摆放位置依次为屏幕、键盘、数位板（图 9-4）。

图 9-3　高漫 1060 Pro 数位板　　　　　图 9-4　计算机—键盘—数位板摆放位置

学习目标

知识目标

认识数位板的基本工具；理解数位板图层的概念。

能力目标

会用数位板；能运用数位板绘制立方体产品；掌握数位板绘制线条、光影、背景的技巧。

素养目标

养成数位板手绘工具的使用习惯和科学严谨的绘图意识；培育精益求精的工匠精神。

任务清单

项目九　蓝牙音箱绘制

学习阶段	任务细分	重难点	学习建议
初阶任务	任务一　45°立方体绘制	数位板基本工具使用和快捷键	课前任务
中阶任务	任务二　蓝牙音箱线条图绘制	透视、线条绘制	课中任务
高阶任务	任务三　蓝牙音箱明暗绘制	光影与质感表现	课中任务
拓展任务	任务四　蓝牙音箱多角度表现	平面表现、转角度、构图	课后任务

课件：蓝牙音箱绘制

» 初 阶 任 务 «

任务一　45°立方体绘制

■ 工具准备

将数位板连接到计算机 USB 接口，打开 SketchBook 软件，开始工作。

■ 任务分析

立方体图片如图 9-1 所示。首先，熟悉数位板界面（图 9-5）和数位板的基本功能模块。数位板在计算机显示器界面上主要由画笔切换工具箱、基础工具、调色盘、画笔属性管理、图层管理五大部分构成，空白处即为画面区域。前四个功能通过使用可以熟练掌握，而图层管理需要事先建立概念。由于每一个产品都是由数层图形或线条及材质叠加而成，因此在手绘开始前应该建立合理的图层概念。一个好的作品必须具备三个基本图层，即线条图层、光影层、背景层。其中线条图层始终在光影层之上，背景层在最下面。当形体具备一定的造型后，线条图层可衍生出线稿层和勾线层，光影层可衍生出高光层、亮面层、灰面层、暗面层和投影层。SketchBook 可以建立几百个图层，为了更好地管理，建议对图层进行管理合并，根据线条、光影层次、材质、整体和局部进行图层合并。其次，通过子任务一熟悉界面及工具的一般操作。最后，通过子任务二绘制一个 45°立方体来掌握数位板的初步绘图技巧。

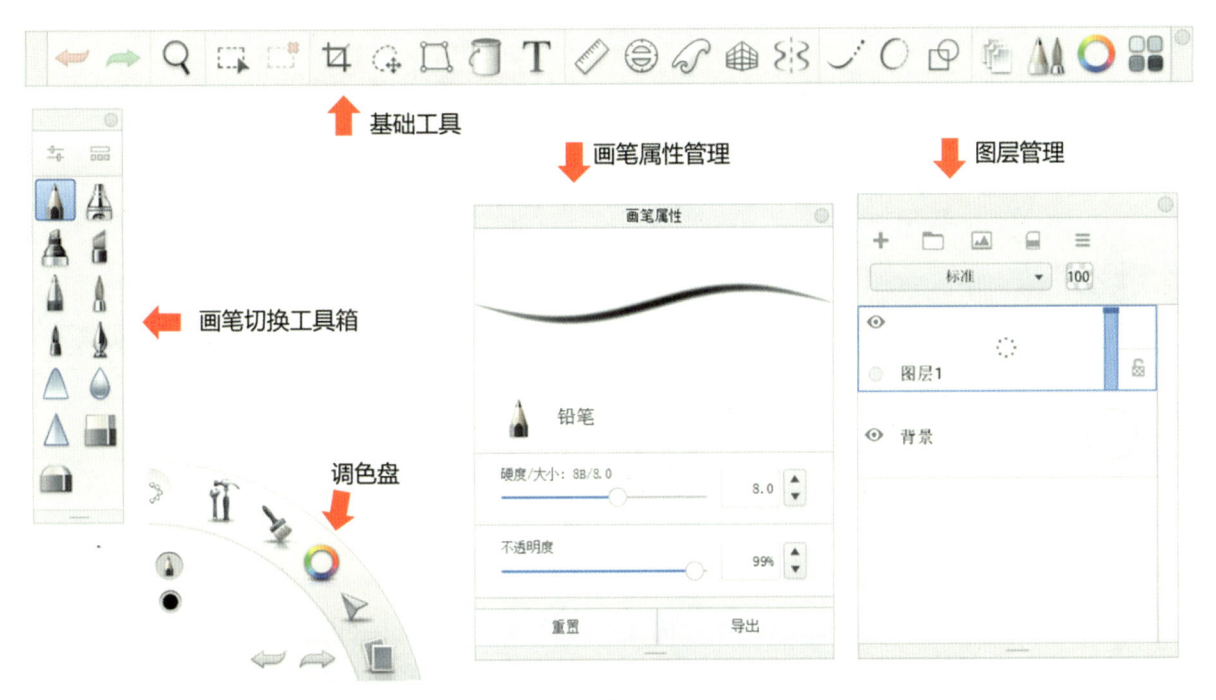

图 9-5　数位板界面

任务实施

子任务一　　数位板一般操作

步骤一：线条工具。单击铅笔工具，在数位板上绘制任意线条（图 9-6），注意压感力度，线条会随着力度加重而变粗。要能够绘制出两头轻中间重的线条。同时按住 Shift 键，可以绘制出水平线和垂直线。在 Caps Lock 状态下按快捷键 D 可以绘制 45°斜线。

图 9-6　线条工具

视频：数位板和 SketchBook 软件介绍

步骤二：铅笔调节工具（图 9-7）。单击画笔属性，管理粗细和颜色，也可以利用画笔圆盘与颜色圆盘进行画笔粗细及透明度、颜色饱和度及透明度的调节，点住画笔圆盘并向左右拖动可调节透明度，向上下拖动可调节粗细。色彩圆盘的使用方法与画笔圆盘类似，点住画笔圆盘并向左右拖动可调节透明度，向上下拖动可调节色彩的饱和度。点住色彩圆盘可以更改画笔颜色的饱和度和亮度。

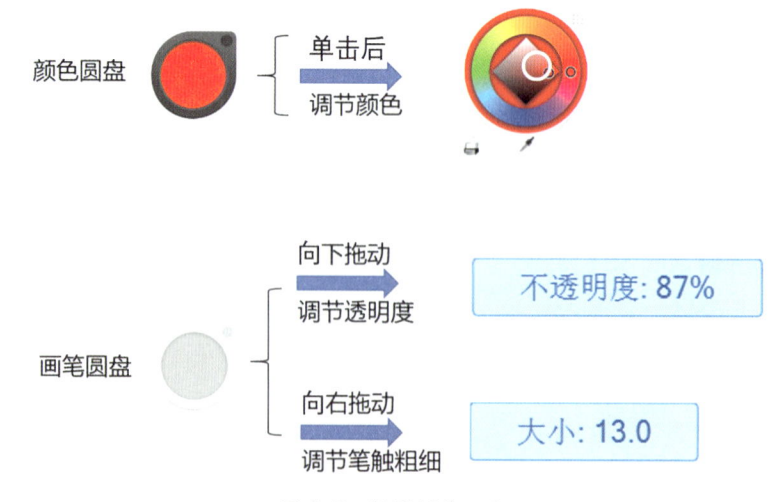

图 9-7　铅笔调节工具

步骤三：图层管理（图 9-8）。按 Ctrl+L 快捷键可增加新图层，按 Ctrl+E 快捷键可向下一个图层合并。单击图层可以进行图层命名。单击图层管理对应图层左上角的眼睛图标可隐藏图层，同时也可通过图层右边的调节栏调节图层透明度，这在我们进行光阴绘制时非常有用。暂时不需要看见的图层可将其隐藏，当图层隐藏时，其无法被删除。

图 9-8 图层管理

步骤四：页面管理（图 9-9）。按空格键页面跳出一个蓝色圆环，按住空格键并单击对应图标可以对页面进行缩放、移动、旋转操作，按 Ctrl+0 快捷键可恢复页面大小。

图 9-9 页面管理工具

子任务二　45°立方体绘制

步骤一：建立 8 个图层（图 9-10），由下至上为背景、投影、暗面、灰面、亮面、线条、勾线、高光。注意，系统自带的背景层是无法编辑的，为了更好的空间效果，我们会再建立一个背景层。

步骤二：绘制线条图（图 9-11），调整铅笔粗细为 2B，在线条图层上，按住 Shift 键在画面中央绘制一条垂直线，然后单击对称辅助工具，将对称中心移动到垂直线使其重合。接着单击直尺辅助绘制立方体线条图，注意直尺工具两个端点和立方体的顶点重合，更加容易绘制出线条。同时注意 45°立方体的透视关系，以及变线的长度。完成后单击和取消功能。

步骤三：绘制光影（图 9-12）。在灰面层单击多段线工具，框选灰面，再单击对灰面进行渐变色填充，调节渐变方向，由左至右渐亮色。注意渐变轴可以增加节点，丰富渐变的层次，节点可以变换颜色。渐变轴向下倾斜，可以表示光感的远近。

图 9-10 建立图层

129

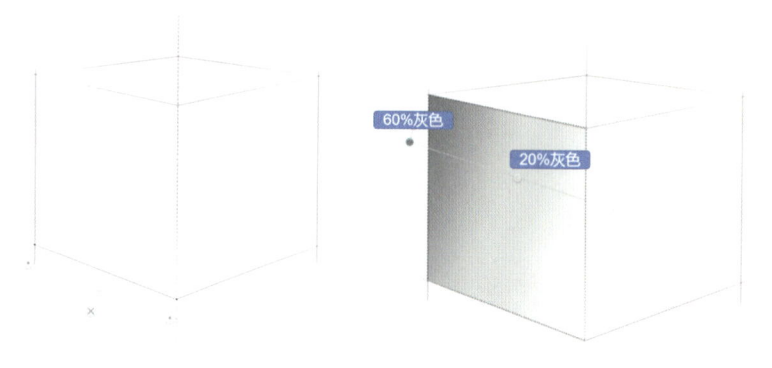

图 9-11 绘制线条　　　　图 9-12 绘制灰面光影

素材：立方体源文件

视频：立方体数字手绘

步骤四：参考上述方法，分别在不同的图层给亮面和暗面上色（图 9-13），注意暗面的颜色比灰面略深，亮面的颜色最深不能大于 20% 的灰色。三大面塑造完成。

步骤五：设置投影、高光线并勾线（图 9-14）。在投影层上用多段线工具绘制出投影的形状，再用渐变色填充，注意颜色较暗面更深，且颜色由近至远变淡。在高光层上用白色铅笔和直线辅助勾画中间的三根结构线，连接暗面和亮面的结构线要更加粗一些。同时到线条层，用橡皮或多段线工具去掉亮面的辅助线。最后在勾线层上，在直尺工具辅助下，用 6B 黑色铅笔勾出暗面轮廓线，用 2B 黑色铅笔勾出亮面轮廓线。

图 9-13 绘制亮面和暗面 　　　　图 9-14 绘制投影和高光

步骤六：设置背景（图 9-15），用矩形选择框在背景图层上创设背景框。注意背景框尽量在左右底边的顶点以上，视觉空间更强。然后用渐变色填色，注意饱和度从左向右调节，产生色彩的空间感。

图 9-15 增加背景

■ 你学会了吗？

请用下面的评价表来评一评吧，获得的星星越多，表示你掌握得越好，不足的地方可以看技巧梳理，通过技巧的提示可以更好地掌握绘制的秘诀。希望同学们能够不懈努力，做到最好！

具体要求	评价标准				技巧梳理
	完成情况（请对照具体要求，在符合情况的框内打"√"，单选）				
1 透视	结构左右对称，且符合近大远小的视觉原理	基本符合近大远小的视觉原理，但变线过长	变线过长且顶面有翘起的感觉	不符合近大远小的视觉原理，且左右不对称、变线过长，顶面上翻	45°立方体基本特征：左右对称，顶面比底面扁，变线是真高线的2/3左右
	☆☆☆☆□	☆☆☆□	☆☆□	☆□	
2 线条	线条流畅，类型分明	线条流畅，线条类型过于均匀	线条有接口，线条类型不明确	线条断断续续，且类型不明确	借助直尺完成两头轻中间重的线条绘制，调节铅笔粗细，完成线条的分类
	☆☆☆☆□	☆☆☆□	☆☆□	☆□	
3 光影	明暗五调子表达准确，整体光感强	三大面上色过平，缺少过渡，整体光感一般	三大面明度对比弱，整体光感弱	明暗五调子表达错误，没有统一的光源，空间感弱	渐变色的方向和光源的方向相协调，高光要压在交界线上，明暗交界线处的高光要粗一些
	☆☆☆☆□	☆☆☆□	☆☆□	☆□	
4 用时	少于 12 min	12～20 min	20～30 min	超过 30 min	多练习，熟能生巧
	☆☆☆☆□	☆☆☆□	☆☆□	☆□	

》 中阶任务 《

任务二　蓝牙音箱线条图绘制

■ 素材准备

蓝牙音箱图片（图 9-2）。

■ 任务分析

蓝牙音箱的线条图主要从透视和线条来表达结构特征。首先从俯视角度展开，也可以 45°开始。由于右侧面三角形透视较为简单，容易入手，先从右侧面开始，根据圆角点进行左侧面的直线拉伸完成透视的绘制。在线条的类型上，尤其圆角和圆角结构线的绘制考验对数字笔曲线的绘制掌控力。假如曲线比较大，可以用工具辅助，本任务的圆角相对较小，徒手绘制难度不大。

视频：蓝牙音箱线条图绘制

■ 任务实施

步骤一：建立多个图层。在背景层上粘贴所要绘制的蓝牙音箱原图。然后在线条层绘制蓝牙音箱的右侧面。注意结构厚度，可以利用直线工具辅助线条绘制（图9-16）。

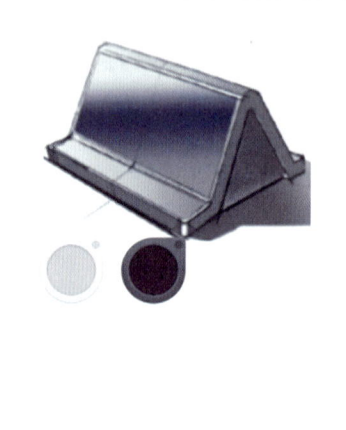

图9-16　侧面线条图

步骤二：在线条层，通过圆角点，在直线辅助下绘制左侧面的透视线（图9-17）。

步骤三：在线条层，切出左侧面的宽度和屏幕空间，且绘制出剖面线和圆角结构线（图9-18）。

图9-17　挤出拉伸　　　　　　　　　图9-18　裁切

步骤四：在勾线层，明确线条类型并调整大小。调节线条层透明度，使勾线更加明显（图9-19）。

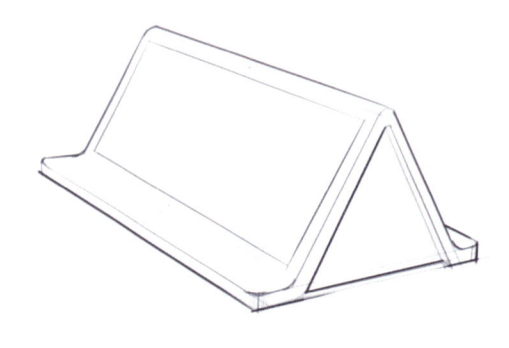

图9-19　勾线

你学会了吗？

请用下面的评价表来评一评吧，获得的星星越多，表示你掌握得越好，不足的地方可以看技巧梳理，通过技巧的提示可以更好地掌握绘制的秘诀。希望同学们能够不懈努力，做到最好！

具体要求		评价标准				技巧梳理
		完成情况（请对照具体要求，在符合情况的框内打"√"，单选）				
1	透视	结构符合原图，符合近大远小的视觉原理	基本符合近大远小的视觉原理，但变线过长	变线过长且圆角结构线没有表示	不符合近大远小的视觉原理，且变线过长	利用圆角点，在直线工具的辅助下，完成变线的绘制，左侧变线都在一个方向消失，且同时消失于一点
		☆☆☆☆□	☆☆☆□	☆☆□	☆□	
2	线条	线条流畅，类型分明	线条流畅，线条类型过于均匀	线条有接口，线条类型不明确，圆角绘制不光滑	线条断断续续、类型模糊，圆角结构线没有表达	调节铅笔粗细，完成线条的分类，圆角可以放大画面后徒手绘制，需要添加圆角结构线
		☆☆☆☆□	☆☆☆□	☆☆□	☆□	
4	用时	少于 15 min	15～20 min	20～30 min	超过 30 min	多练习，熟能生巧
		☆☆☆☆□	☆☆☆□	☆☆□	☆□	

» 高阶任务 «

任务三 蓝牙音箱明暗绘制

■ **素材准备**

网孔面板图片。

■ **任务分析**

该款蓝牙音箱（图 9-2）由外壳、屏幕和出音孔三种材质构成。数字手绘最大的优势就是可以通过贴图完成材质的表达，因此本任务可以通过贴网孔材质，进行特征表达。音箱具有圆角曲面，因此圆角曲面的明暗关系要概括处理，且和交界面做好过渡。在屏幕表达上，处理好屏幕的光感，能够很好地表现质感。总之，产品的明暗表现是通过合理的光影关系和材质特征来完成的，因此本任务需要大家细致分析每一个面的关系和渐变处理。

视频：蓝牙音箱材质绘制

素材：蓝牙音箱源文件

■ **任务实施**

步骤一：分别在三大面层上运用多段线创设面，填充渐变色创造三大面（图 9-20）。

步骤二：在三大面层上方建立屏幕层，用多段线工具创设屏幕区域，填充渐变色，创造屏幕光影感。屏幕的渐变色节点较三大面要多一些，主要体现为中间深两边亮的质感（图 9-21）。

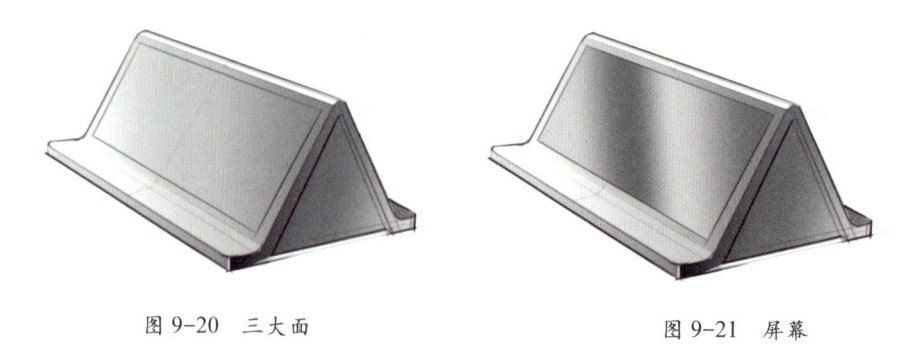

图 9-20 三大面　　　　图 9-21 屏幕

步骤三：在三大面层上方创建材质层，导入网孔面板图片，按空格键旋转调整到倾斜的合适位置，再用裁切工具完成裁切，用喷笔增加明暗交界线（图 9-22）。

图 9-22 网孔

素材：纤维材质

步骤四：刻画细节。在高光层，用喷笔工具提亮圆角处高光。在亮面和暗面交接处，用直尺辅助工具提亮高光线。在投影的边缘线用模糊工具弱化分界线，可以突出空间感。将线条层透明度提到 100%，整体看不到线条，只通过勾线层感受整体轮廓线（图 9-23）。

图 9-23 背景及细节

■ 你学会了吗？

请用下面的评价表来评一评吧，获得的星星越多，表示你掌握得越好，不足的地方可以看技巧梳理，通过技巧的提示可以更好地掌握绘制的秘诀。希望同学们能够不懈努力，做到最好！

具体要求		评价标准				技巧梳理
		完成情况（请对照具体要求，在符合情况的框内打"√"，单选）				
1	三大面	三大面明确，立体感强。高光位置合理，尤其是圆角处理自然 ☆☆☆☆□	三大面明确，高光位置合理，暗面反光不够 ☆☆☆□	灰面和暗面混淆，圆角没有高光 ☆☆□	三大面不明确，没有空间感 ☆□	亮面和灰面的转折要明确，圆角高光要用白色线条提亮，暗面材质部分需要增加反光，投影进行虚化处理以增强空间感
2	质感	屏幕、网孔质感准确，面与面交界自然，整体空间感强 ☆☆☆☆□	屏幕、网孔质感准确，面与面有交界线 ☆☆☆□	网孔质感准确，面与面交界线过于明显 ☆☆□	整体质感不佳 ☆□	通过亮黑亮三个渐变点创设屏幕的质感，网孔的方向进行倾斜能更好地表达质感。将线条层隐藏，去掉结构线，用高光线突出面与面转折
4	用时	少于 20 min ☆☆☆☆□	20～30 min ☆☆☆□	30～40 min ☆☆□	超过 40 min ☆□	多练习，熟能生巧

» 拓展任务 «

任务四 蓝牙音箱多角度表现

蓝牙音箱多角度范画如图 9-24 所示。

图 9-24 蓝牙音箱多角度范画

素材：蓝牙音箱最终效果源文件　　视频：蓝牙音箱平面图绘制　　视频：蓝牙音箱角度绘制

你掌握得如何？

请将完成的作品和范画进行比对，用下面的量表来自我评价一下吧，获得的星星越多，表示你掌握得越好，不足的地方需要回到本项目前几个任务中梳理技巧，通过技巧的提示可以更好地掌握绘制的秘诀。希望同学们能够不懈努力，做到最好！

评价量表							
	项目	具体内容	非常好	较好	一般	有错误	还需努力
1	线条	流畅度	☆☆☆☆☆□	☆☆☆☆□	☆☆☆□	☆☆□	☆□
		线条类型	☆☆☆☆☆□	☆☆☆☆□	☆☆☆□	☆☆□	☆□
2	透视	近大远小	☆☆☆☆☆□	☆☆☆☆□	☆☆☆□	☆☆□	☆□
3	形体	比例尺度	☆☆☆☆☆□	☆☆☆☆□	☆☆☆□	☆☆□	☆□
		分型结构	☆☆☆☆☆□	☆☆☆☆□	☆☆☆□	☆☆□	☆□
		质感	☆☆☆☆☆□	☆☆☆☆□	☆☆☆□	☆☆□	☆□
		体积感	☆☆☆☆☆□	☆☆☆☆□	☆☆☆□	☆☆□	☆□
4	构图	饱满度	☆☆☆☆☆□	☆☆☆☆□	☆☆☆□	☆☆□	☆□
5	用时	少于60 min	☆☆☆☆☆□	☆☆☆☆□	☆☆☆□	☆☆□	☆□

项目十　电推剪绘制

项目分析

温州是小家电制造型企业的聚集地,其中个人洗护小家电产品生产企业众多,通过毕业生市场调研和企业走访,现有企业对该类产品的设计人才和制造人才需求突出。因此本项目从区域产业结合人才培养方案,选择电推剪作为典型案例,进行产品数字手绘技巧学习。

电推剪是由圆柱体构成且底部带有球体曲面,是手持类工具产品中较为典型的形体。本项目通过对圆柱体和球体曲面的光影分析,结合具体的数位板操作,完成对电推剪的体积感和质感表现。项目操作过程中,突出手持类产品的形体特征和表现手段,综合运用多段线和喷笔工具,突破形体塑造的难点(图10-1)。

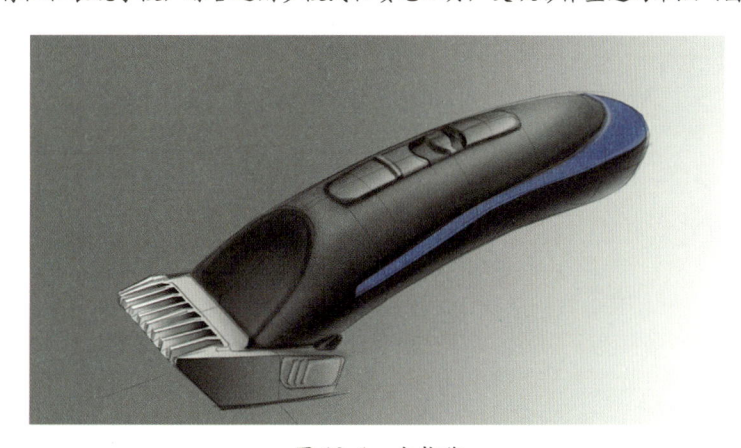

图10-1　电推剪

学习目标

知识目标

理解圆柱体和球体的光影关系；理解用喷笔表现明暗的数字手绘方式；掌握电推剪产品明暗的绘制方法。

能力目标

会用喷笔绘制物体的明暗；掌握数位板曲面的手绘技巧。

素养目标

培养数字化技术应用习惯，线条、形体的审美意识，以及细致、耐心的工匠精神。

任务清单

项目十　电推剪绘制

学习阶段	任务细分	重难点	学习建议
初阶任务	任务一　电推剪线条图绘制	曲面透视、数位板曲线技巧	课前任务
中阶任务	任务二　电推剪光影绘制	曲面明暗喷笔绘制技巧	课中任务
高阶任务	任务三　电推剪创新表现	造型变化、光影应用	
拓展任务	任务四　电推剪平面图绘制	平面表现	课后任务

课件：电推剪绘制

» 初阶任务 «

任务一 电推剪线条图绘制

■ 素材准备

电推剪图片（图10-2）。

图10-2 电推剪

视频：电推剪线条图绘制

■ 任务分析

电推剪（图10-2）是手持类产品的典型代表，由圆柱体和球体等简单曲面体复合构成，是 Rhino 建模中放样和嵌面的典型操作。和传统手绘不同，数字手绘在曲面的表达上大大优于马克笔或彩铅手绘的速度和质量。本任务从圆柱体和球体及它们的曲面结合体进行线条表现，落实对曲面体造型的表达技巧。

■ 任务实施

步骤一：添加图像，将参照图放置于最底下图层。建立线条图层，铅笔粗细调整至2B，进行结构线、剖面线、分型线的绘制。运笔力度适中，跟随原图造型走线。手抖的同学，可以打开预测笔迹工具 C ，数值为1，帮助我们绘制更加光滑的线条（图10-3）。

步骤二：在线条图层上方建立勾线层。铅笔粗细调整至4B，进行轮廓线和细节的梳理。注意，梳齿部分由直线构成，可运用直尺辅助完成（图10-4）。

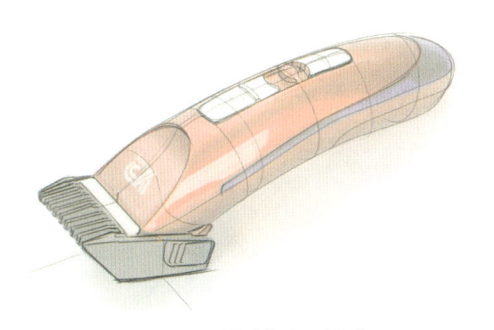

图10-3 描线

图10-4 明确线条类型

你学会了吗？

请用下面的评价表来评一评吧，获得的星星越多，表示你掌握得越好，不足的地方可以看技巧梳理，通过技巧的提示可以更好地掌握绘制的秘诀。希望同学们能够不懈努力，做到最好！

具体要求	评价标准				技巧梳理
	完成情况（请对照具体要求，在符合情况的框内打"√"，单选）				
1 线条	线条流畅，能够准确表达出轮廓、结构、剖面、分型的关系，细节明确	线条流畅，各部分线条尚可，但线条准确度不高，细节有部分不清楚线条的来龙去脉	线条不流畅，难表达清晰结构和细节	线条不流畅，结构表达错误	用肌肉记忆+预测笔迹工具+长线条来完成线条绘制。另外，应多加练习
	☆☆☆☆□	☆☆☆□	☆☆□	☆□	
2 透视	准确无误	透视错误1或2处	透视错误3~5处	透视错误6处以上	利用剖面线来对比远近关系
	☆☆☆☆□	☆☆☆□	☆☆□	☆□	
3 用时	少于10 min	10~15 min	15~20 min	超过20 min	多练习，熟能生巧
	☆☆☆☆□	☆☆☆□	☆☆□	☆□	

》 中阶任务 《

任务二 电推剪光影绘制

■ **工具准备**

电推剪参考图片（图10-1）。

■ **任务分析**

本任务采用多段线和喷笔工具来完成。在马克笔手绘表达时，大家觉得特别难，因为马克笔的笔触融合是依靠色彩叠加产生过渡的，但数位板喷笔功能完全跨越了这种控制叠加面积和分量的难度，初学者可以轻松地实现曲面过渡和体积感的塑造。根据线条图和原图参考，可以将上下壳的分型线确定为明暗交界线，上盖接近梳齿凹陷部位的线条为第二明暗交界线。

■ **任务实施**

步骤一：确定上方光源，根据结构的转折进行上色。在线条层下方依次建立光影图层，隐藏参考画面。选择喷笔工具，笔头调整为60~65，流量为18，颜色为黑色，沿着明暗交界线完成喷涂，分出明暗两大面（图10-5）。

视频：电推剪光影表现

素材：电推剪源文件

140

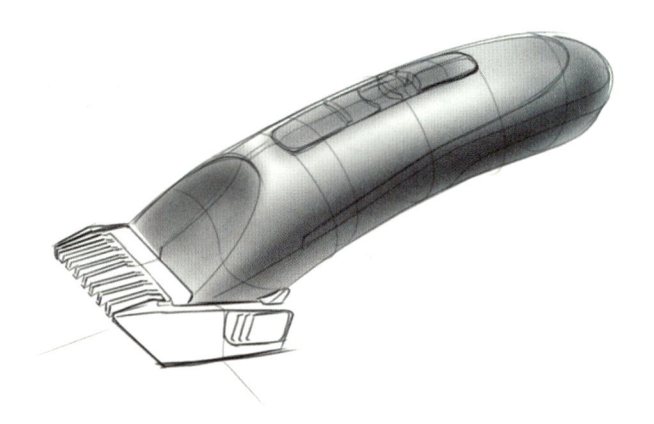

图 10-5 喷笔绘制明暗两大面

步骤二：在光影图层上面建立下盖层，首先用多段线工具选取下盖的范围，再用喷笔工具（笔头 40，流量不变）沿着分型线进行连续喷涂，注意留出反光（图 10-6）。

图 10-6 喷涂下盖

步骤三：在下盖层上面建立中盖层，首先用多段线工具选取范围，再用喷笔工具（蓝色，笔头 40，流量不变）沿着分型线进行连续喷涂，注意由上往下渐次变暗。蓝色的渐次变化可以分三次喷涂，分别为浅蓝、中蓝、深蓝，依次进行从大面积到小面积的喷涂，最后深蓝色要压到明暗交界线以上的位置（图 10-7）。

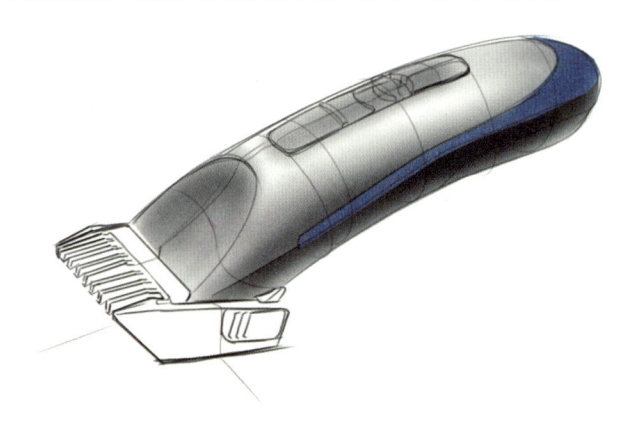

图 10-7 喷涂蓝色部件

步骤四：在中盖层上面建立上盖层，用多段线工具选取范围，再用喷笔工具（黑色，笔头 40，流量不变）沿着轮廓线、分型线进行连续喷涂，注意从远到近渐次变暗。按钮部位可以统一喷一次深色，最后深色要压到明暗交界线以上的位置（图 10-8）。

图 10-8　喷涂上盖

步骤五：按钮部位根据凹凸关系，首先用多段线工具进行不同面的选取，然后进行不同灰度的填充，可以填充渐变色，有 20%～60% 灰度的渐变。按空格键，放大细节部分进行细致分析，完成上色（图 10-9）。

图 10-9　刻画按钮

步骤六：梳齿部位根据凹凸关系，首先用多段线工具进行不同面的选取，然后进行不同灰度的填充，可以填充渐变色，有 20%～60% 灰度的渐变。按空格键，放大细节部分进行细致分析，完成上色（图 10-10）。

图 10-10　绘制梳齿

步骤七：在最下面一层新建背景图层，用 60% 灰度渐变填充，设置线条图层透明度为 50%，对上盖层和中盖层交界处用白色铅笔勾高光线（图 10-11）。

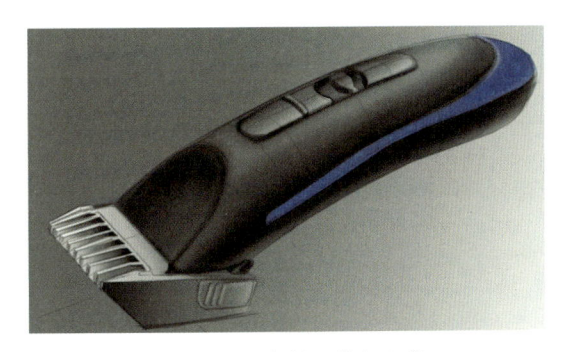

图 10-11 绘制细节和背景

■ 你学会了吗？

请用下面的评价表来评一评吧，获得的星星越多，表示你掌握得越好，不足的地方可以看技巧梳理，通过技巧的提示可以更好地掌握绘制的秘诀。希望同学们能够不懈努力，做到最好！

具体要求	评价标准				技巧梳理
^^	完成情况（请对照具体要求，在符合情况的框内打"√"，单选）				
1 曲面光影	光影自然，体积感强，深色磨砂外壳质感强	体积感强，深色磨砂外壳质感欠缺	光源不统一，体积感弱，深色磨砂外壳质感强	体积感弱，材质不明确	喷笔在绘制的时候要连续，才能创造出统一的质感。明暗五调子要准确，尤其是反光。底色能够增加深色产品的质感
	☆☆☆☆□	☆☆☆□	☆☆□	☆□	^^
2 用时	少于 20 min	20～30 min	30～40 min	超过 40 min	多练习，熟能生巧
	☆☆☆☆□	☆☆☆□	☆☆□	☆□	^^

≫ 高阶任务 ≪

任务三 电推剪创新表现

■ 素材准备

AI 生成素材图片（图 10-12）。

■ 任务分析

本任务借助 Vega.net（图 10-12），用文生图方式，进行电推剪造型的发散，获得电推剪产品造型的参考图。在上一任务基础上，对电推剪进行外壳分型和比例、轮廓调整，来获得新的电推剪方案。

视频：电推剪创新表现

143

图 10-12 AI 生图工具

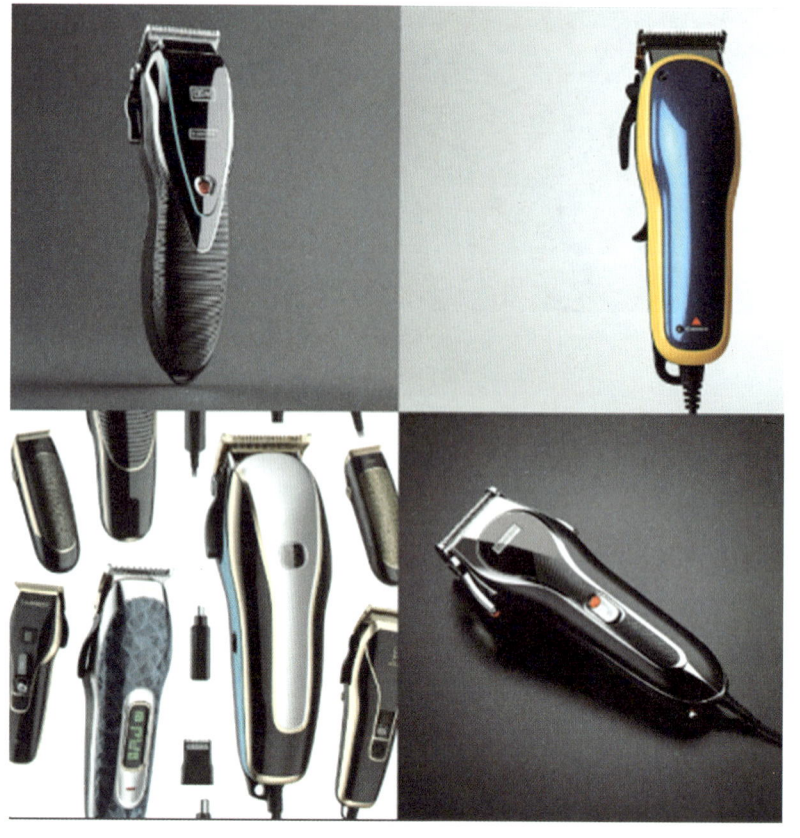

素材：电推剪创新源文件

■ **任务实施**

步骤一：用 Vega.net 进行文生图，描述词为理头电推剪，简约风格，几何形态，哑光材质。

步骤二：建立素材图层，添加图片。参考图片，用 2B 铅笔线条工具，在原线条图层半透明状态下，建立新线条图层，变化出电推剪的腰部和顶盖特征。其中原线条和推齿从之前的方案中拷贝粘贴即可（图 10-13）。

图 10-13 绘制机身

步骤三：建立光影图层，对上下盖进行上色，首先用多段线工具选取范围，再用喷笔工具（黑色，笔头 40，流量不变）沿着分型线进行连续喷涂，注意由内向外渐次变暗，尤其高光留在最中间的位置。按钮留白（图 10-14）。

图 10-14　绘制上下盖

步骤四：建立红色部件层，用多段线工具选取中壳部件，用喷笔工具进行不同深浅程度的红色喷涂，制造出凹凸感和高光（图 10-15）。

图 10-15　绘制红色部件

步骤五：建立按钮层，用叠加方法绘制按钮，用白线和黑线在预测笔迹状态下勾线（图 10-16）。

图 10-16　绘制按钮

步骤六：建立勾线层，对轮廓线、分型线进行勾线（图 10-17）。

图 10-17　勾线

步骤七：建立背景层，制作背景。按 Ctrl+S 快捷键进行保存（图 10-18）。

145

图 10-18　制作背景

■ 你学会了吗？

请用下面的评价表来评一评吧，获得的星星越多，表示你掌握得越好，不足的地方可以看技巧梳理，通过技巧的提示可以更好地掌握绘制的秘诀。希望同学们能够不懈努力，做到最好！

具体要求		评价标准				技巧梳理
		完成情况（请对照具体要求，在符合情况的框内打"√"，单选）				
1	曲面光影	光影自然，体积感强，深色磨砂外壳质感强	体积感强，深色磨砂外壳质感欠缺	光源不统一，体积感弱，深色磨砂外壳质感强	体积感弱，材质不明确	喷笔在绘制的时候要连续，才能创造出统一的质感。明暗五调子要准确，尤其是反光。底色能够增加深色产品的质感
		☆☆☆☆□	☆☆☆□	☆☆□	☆□	
2	用时	少于 20 min	20～30 min	30～40 min	超过 40 min	多练习，熟能生巧
		☆☆☆☆□	☆☆☆□	☆☆□	☆□	

》 拓展任务 《

任务四　**电推剪平面图绘制**

电推剪平面图如图 10-19 所示。

图 10-19　电推剪平面图

视频：电推剪平面图表现　　素材：电推剪平面图源文件

■ 你掌握得如何？

请将完成的作品和范画进行比对，用下面的量表来自我评价一下吧，获得的星星越多，表示你掌握得越好，不足的地方需要回到本项目前几个任务中梳理技巧，通过技巧的提示可以更好地掌握绘制的秘诀。希望同学们能够不懈努力，做到最好！

评价量表							
项目		具体内容	非常好	较好	一般	有错误	还需努力
1	线条	流畅度	☆☆☆☆☆□	☆☆☆☆□	☆☆☆□	☆☆□	☆□
		线条类型	☆☆☆☆☆□	☆☆☆☆□	☆☆☆□	☆☆□	☆□
2	透视	近大远小	☆☆☆☆☆□	☆☆☆☆□	☆☆☆□	☆☆□	☆□
3	形体	比例尺度	☆☆☆☆☆□	☆☆☆☆□	☆☆☆□	☆☆□	☆□
		分型结构	☆☆☆☆☆□	☆☆☆☆□	☆☆☆□	☆☆□	☆□
		质感	☆☆☆☆☆□	☆☆☆☆□	☆☆☆□	☆☆□	☆□
		体积感	☆☆☆☆☆□	☆☆☆☆□	☆☆☆□	☆☆□	☆□
4	构图	饱满度	☆☆☆☆☆□	☆☆☆☆□	☆☆☆□	☆☆□	☆□
5	用时	少于 20 min	☆☆☆☆☆□	☆☆☆☆□	☆☆☆□	☆☆□	☆□

项目十一　太阳眼镜绘制

项目分析

在温州眼镜制造行业，普遍以 CorelDRAW 平面软件结合工程制图按照新产品的订单要求进行开发设计。随着 3D 打印、桌面精雕机等新技术和工具的发展，眼镜设计开发制作已经不再局限于传统流程，设计师从概念草图到三维模型可以借助数字绘制和 Rhino 建模及 AI 生成等多种快速工具完成，这给眼镜设计行业注入了新的活力。

眼镜有多种类型，按使用功能可分为光学眼镜（图 11-1）和太阳眼镜（图 11-2）；按眼镜加工工艺可分为金属架眼镜、板材架眼镜和注塑架眼镜等。常见的光学金属眼镜包含镜框、中梁、鼻托、酒杯、桩头、铰链、镜腿、脚套八个部分，在生产工艺上以分开制造、总体组装的形式完成。其中，鼻托、脚套等具有统一的尺寸工艺标准，设计师主要设计的内容表现在镜框、中梁、桩头、铰链、镜腿的结构、工艺及外观审美方面。常见的太阳眼镜以板材加工为主，本项目围绕板材太阳眼镜的基本结构展开工作任务实施。眼镜的整体尺寸较小，一般在手绘阶段以接近真实尺寸进行。眼镜的绘制主要集中在眼镜架各部件和太阳眼镜镜片部分。从侧面看，眼镜主要有两大部分：镜框侧面和镜腿正面，鼻托叠于镜片后面。从正面看，眼镜具有对称特征，镜片正面左右对称，鼻托和镜腿叠于镜片后面。由于眼镜框架比较精细，采用数字表现，能更加精确地表现对象和材质。通过参考来自网络的优秀眼镜数字手绘作品，作为本项目训练的载体，完成对太阳眼镜的数字手绘表现训练。

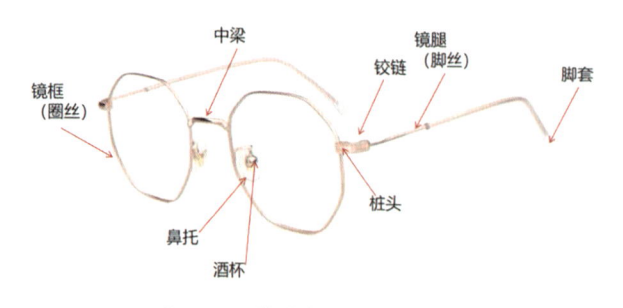

图 11-1　普通光学眼镜结构

图 11-2　太阳眼镜的基本镜框结构

学习目标

知识目标

认识眼镜的基本部件;理解眼镜的基本结构;掌握数位板绘制眼镜产品的方法。

能力目标

会用数字铅笔工具绘制眼镜线条图;能运用渐变色表现眼镜质感;掌握镜片和装饰件的数字手绘技巧。

素养目标

养成从加工工艺角度绘制眼镜的作图习惯;培育精益求精的工匠精神。

任务清单

项目十一 太阳眼镜绘制

学习阶段	任务细分	重难点	学习建议
初阶任务	任务一 太阳眼镜侧视图线条绘制	铅笔工具的线条绘制	课前任务
中阶任务	任务二 太阳眼镜材质光影绘制	镜腿结构的绘制 透明质感绘制	课中任务
高阶任务	任务三 太阳眼镜正视图绘制	对称轴应用	
拓展任务	任务四 太阳眼镜创新表现	镜框体积感塑造	课后任务

课件:太阳眼镜绘制

》 初阶任务 《

任务一 太阳眼镜侧视图线条绘制

板材太阳眼镜侧视图如图 11-3 所示。

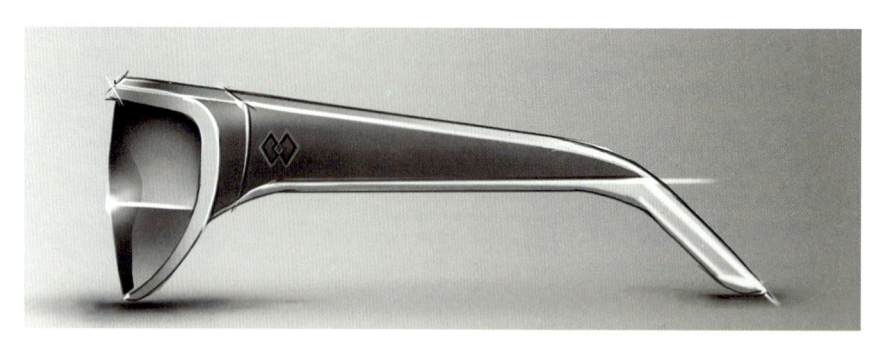

图 11-3 板材太阳眼镜侧视图

■ **工具准备**

将数位板连接到计算机 USB 接口，打开 SketchBook 软件，开始工作。

■ **任务分析**

板材太阳眼镜侧视图主要由镜框侧面和镜腿正面构成。绘制时主要表达出镜腿和整体框型的尺寸感，要有合适的比例。眼镜架是日常生活中较小的产品，线条棱边分明又很精妙，对手绘者的线条控制能力和棱角转折能力都有较高的要求。本任务通过线条的类型变化，来呈现出侧视图中太阳眼镜的结构和整体形态。

视频：太阳眼镜侧视图线条绘制

■ **任务实施**

步骤一：添加图像，将参照图放置最底下图层，调高透明度。在它的上方建立勾线图层，铅笔粗细调整至 2B，打开预测笔迹工具 C，数值为 2，绘制轮廓线。注意较长的直线采用直尺工具辅助，曲线可以将画纸旋转一定角度，进行肌肉记忆的绘制（图 11-4）。

图 11-4 绘制轮廓

步骤二：为了保留完整的比例尺寸，在勾线图层下建立线条图层，在线条图层上接着绘制分型线，将镜框和镜腿分离开来。绘制分型线时，可以进行双线叠加，第二条线可以用2H的线条，一粗一细可以塑造分型感觉（图11-5）。

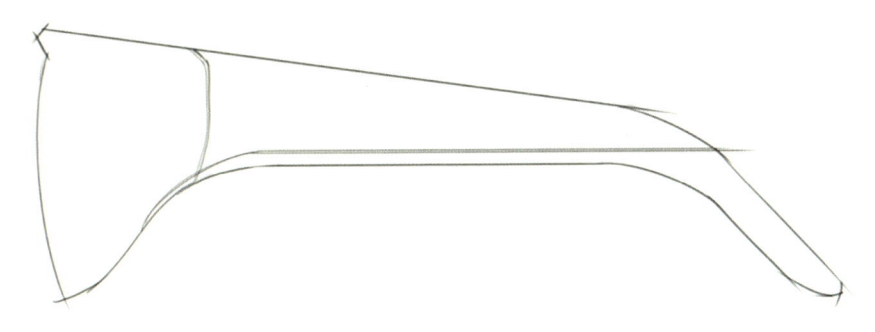

图 11-5　分型

步骤三：在线条图层，用1B铅笔线条绘制镜框结构和镜腿上部结构面。按Ctrl+S快捷键保存（图11-6）。

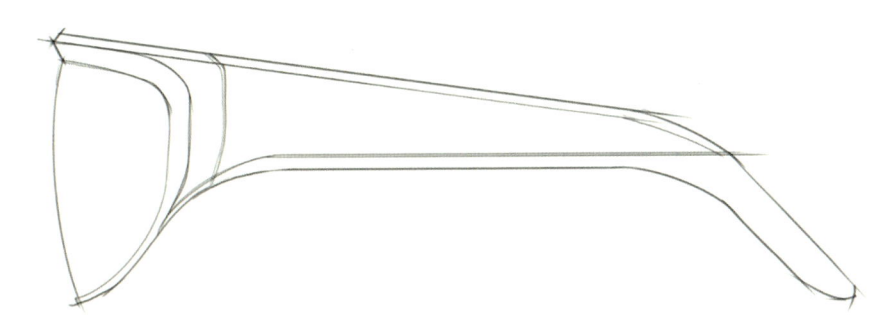

图 11-6　绘制结构细节

■ 你学会了吗？

请用下面的评价表来评一评吧，获得的星星越多，表示你掌握得越好，不足的地方可以看技巧梳理，通过技巧的提示可以更好地掌握绘制的秘诀。希望同学们能够不懈努力，做到最好！

	具体要求	评价标准				技巧梳理
		完成情况（请对照具体要求，在符合情况的框内打"√"，单选）				
1	线条	线条流畅，能够准确表达出轮廓、结构、分型的关系，细节明确	线条流畅，各部分线条尚可，但线条准确度不高	线条不流畅，难表达清晰结构和细节	线条不流畅，结构表达错误	用肌肉记忆+预测笔迹工具+长线条完成线条绘制。另外，应多加练习
		☆☆☆☆□	☆☆☆□	☆☆□	☆□	
2	用时	少于5 min	5～7 min	7～10 min	超过10 min	多练习，熟能生巧
		☆☆☆☆□	☆☆☆□	☆☆□	☆□	

» 中阶任务 «

任务二 太阳眼镜材质光影绘制

子任务一　　侧视图材质光影绘制

■ **素材准备**

太阳眼镜侧视图（图 11-3）。

■ **任务分析**

由于该太阳眼镜的镜腿由三个面构成，而在中间位置具有一个分型特征，即具有上下两个不同明度的板材件，所以要借用多段线、渐变色、喷笔工具共同完成。在接近桩头部位有一双棱形交叉装饰件，需要用直线线条辅助工具完成。

视频：太阳眼镜侧视图上色

素材：太阳眼镜侧视图源文件

■ **任务实施**

步骤一：确定上方光源，根据结构的转折进行上色。在线条层下方依次建立镜腿图层，将参考图移动到下方作为参考画面。用多段线工具将镜腿和桩头及镜框上方部分结构进行框选，喷笔笔头调整为25，流量为18，颜色为20%灰色，沿着边缘线喷涂。再用60%灰色，喷笔笔头11，在边缘叠加一个层次，将上面的面和侧边塑造出一定的体积感（图 11-7）。

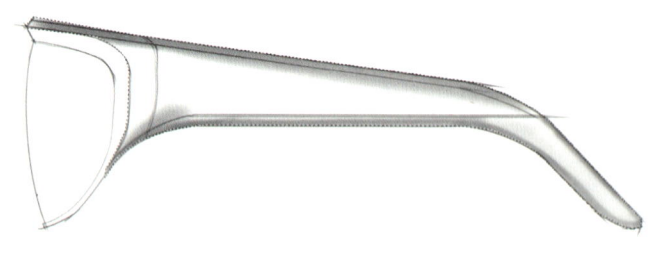

图 11-7　喷涂体积感

步骤二：在镜腿图层用多段线工具选择深色区域，用全黑色喷笔头65，从下方开始喷涂，注意留出上方的高光区域（图 11-8）。

图 11-8　喷涂材质感

步骤三：用白色 2B 铅笔塑造分型线和结构面上的高光，可以用直尺辅助。用灰色直线工具塑造细节，凹陷部分用黑色线叠加（图 11-9）。

图 11-9　塑造分型线

■ 你学会了吗？

请用下面的评价表来评一评吧，获得的星星越多，表示你掌握得越好，不足的地方可以看技巧梳理，通过技巧的提示可以更好地掌握绘制的秘诀。希望同学们能够不懈努力，做到最好！

具体要求	评价标准				技巧梳理
	完成情况（请对照具体要求，在符合情况的框内打"√"，单选）				
1　材质光影	光影自然，体积感强，深色和浅色板材材质对比强	体积感强，深色外壳质感欠缺	光源不统一，体积感弱，两种材质明度没有对比	体积感弱，材质不明确	先画浅色材质，再在上面叠加深色。分型线之间要用多段线工具进行区域选取，互不影响，才能保证喷笔工具对不同板材明度的合理塑造。用黑线压白线的方式塑造分型效果，用白线压黑线的方式来塑造转折效果
	☆☆☆☆□	☆☆☆□	☆☆□	☆□	
2　细节	两个棱形具有凹陷感，且没有喧宾夺主	两个棱形具有凹陷感，但过于突出	两个棱形没有凹陷效果	没有细节	凹陷进去的面采用 20% 灰度进行多段线下喷涂，灰色直线侧面压黑色直线可以增加凹凸感。将细节绘制在独立的图层，调节图层透明度，可更好地融入整体
	☆☆☆☆□	☆☆☆□	☆☆□	☆□	
3　用时	少于 10 min	10～15 min	15～20 min	超过 20 min	多练习，熟能生巧
	☆☆☆☆□	☆☆☆□	☆☆□	☆□	

子任务二　镜片明暗绘制

■ 素材准备

太阳眼镜侧视图（图 11-3）。

■ 任务分析

镜片的明暗绘制需要考虑光的方向和镜片呈弧面的特征。镜片部分由镜框内沿和鼻托构成，可以用凹凸凹三个转折面进行分解。用多段线工具选取三个区域，根据分解面的走向进行色彩喷涂。

任务实施

步骤一：建立镜框图层，用多段线工具选取镜框内沿，用白—60%—白进行渐变色填充，塑造一定弧度的太阳眼镜框型特征（图11-10）。

步骤二：建立镜片图层，用60%灰色铅笔在笔迹跟踪的基础上绘制出鼻托，用多段线选取鼻托范围，用54粗细黑色喷笔沿着边缘喷出光影感觉（图11-11）。

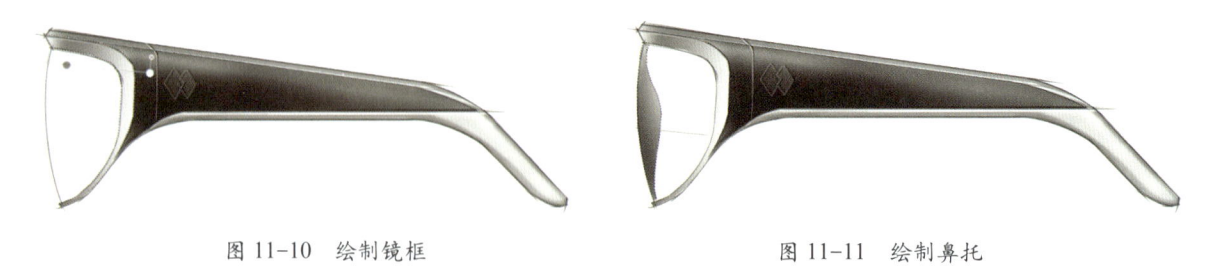

图11-10　绘制镜框　　　　　　　　　　图11-11　绘制鼻托

步骤三：在镜片图层，用多段线工具分别选取上下两个区域，用全黑色喷笔，65笔触，45%流量，沿着上下边喷涂（图11-12）。

步骤四：在最上层建立高光图层，用白色粗线条加强镜片中间转折线，再用白色喷笔喷涂高光点（图11-13）。

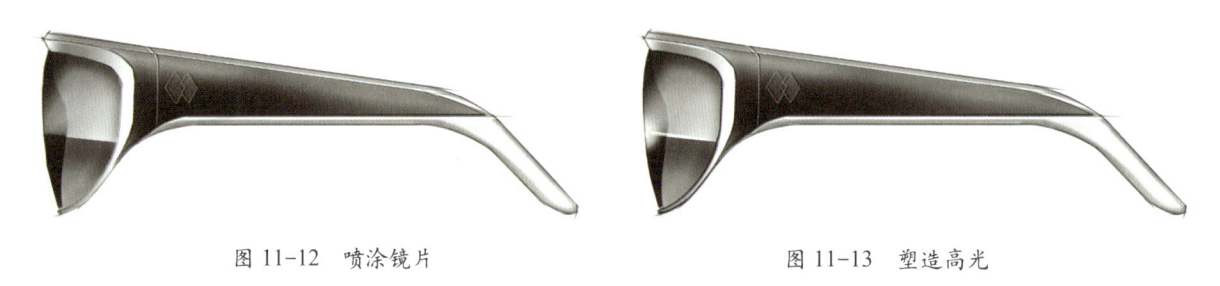

图11-12　喷涂镜片　　　　　　　　　　图11-13　塑造高光

步骤五：建立背景层，采用20%灰色到60%灰色进行渐变色填充，从左至右变暗。用椭圆增加投影，在投影边缘用模糊工具涂抹，形成自然的影子（图11-14）。

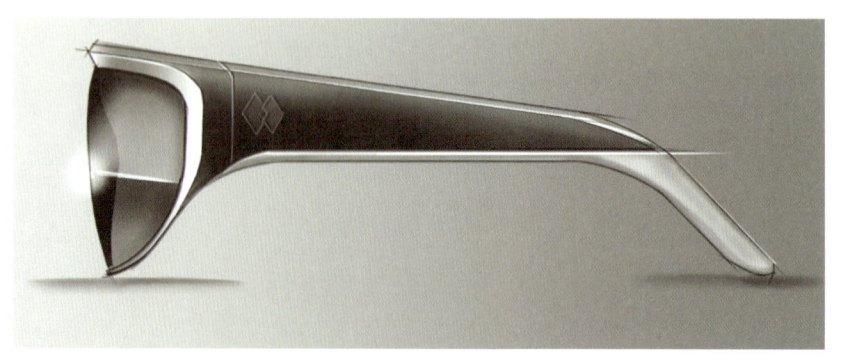

图11-14　添加背景

你学会了吗？

请用下面的评价表来评一评吧，获得的星星越多，表示你掌握得越好，不足的地方可以看技巧梳理，通过技巧的提示可以更好地掌握绘制的秘诀。希望同学们能够不懈努力，做到最好！

具体要求	评价标准				技巧梳理
	完成情况（请对照具体要求，在符合情况的框内打"√"，单选）				
1 材质和光影	光影自然，体积感强，深色和浅色板材材质对比强	体积感强，深色外壳质感欠缺	光源不统一，体积感弱，两种材质明度没有对比	体积感弱，材质不明确	先画浅色材质，再在上面叠加深色。分型线之间要用多段线工具进行区域选取，互不影响，才能保证喷笔工具对不同板材明度的合理塑造。用黑线压白线的方式塑造分型效果，用白线压黑线的方式塑造转折效果
	☆☆☆☆□	☆☆☆□	☆☆□	☆□	
2 用时	少于 10 min	10～15 min	15～20 min	超过 20 min	多练习，熟能生巧
	☆☆☆☆□	☆☆☆□	☆☆□	☆□	

» 高阶任务 «

任务三　太阳眼镜正视图绘制

■ **素材准备**

太阳眼镜正视图（图11-22）。

■ **任务分析**

太阳眼镜的正视图绘制重点在镜片的透明度表达上。太阳眼镜的镜片和镜框具有一定的弯度，因此从正视图上看具有球面效果。在镜框的明暗表达上，应注意镜框中间凸出的亮度和两边渐次变暗来体现曲面感。在镜片质感表达上，应统一镜片的上下整体明暗的对比关系。

素材：太阳眼镜正视图源文件

■ **任务实施**

步骤一：建立线条图层，在对称工具下，用2H铅笔工具勾出线条（图11-15）。

步骤二：建立勾线图层，用2B铅笔工具勾画轮廓线（图11-16）。

步骤三：用多段线工具勾选镜框，用黑色喷笔绘制转角结构和暗面，笔头60（图11-17）。

步骤四：用多段线工具框选镜框，用黑色喷笔绘制转角结构和暗面及镜腿，笔头60（图11-18）。

视频：太阳眼镜正视图绘制

图 11-15　绘制线条稿 1

图 11-16　绘制线条稿 2

图 11-17　喷涂镜框

图 11-18　喷涂镜腿

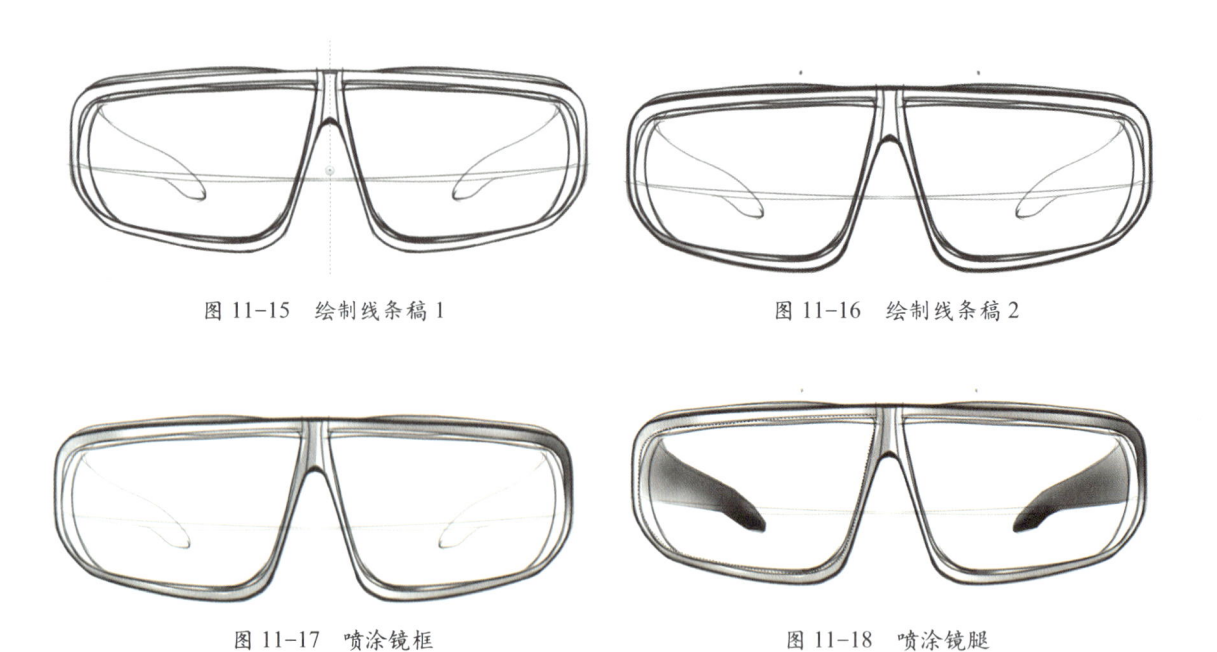

步骤五：用多段线工具框选镜框，用渐变色绘制镜片，从黑色向下渐变为白色（图 11-19）。

步骤六：用多段线工具框选下半镜框，用渐变色绘制镜片，从黑色向下渐变为 20% 灰色（图 11-20）。

图 11-19　喷涂镜片

图 11-20　绘制反光

步骤七：用白色 2B～6B 铅笔勾画高光，用白色喷笔定点喷涂转角高光点（图 11-21）。

步骤八：用 60% 灰色绘制背景，用黑色喷笔定点喷涂镜腿投影（图 11-22）。

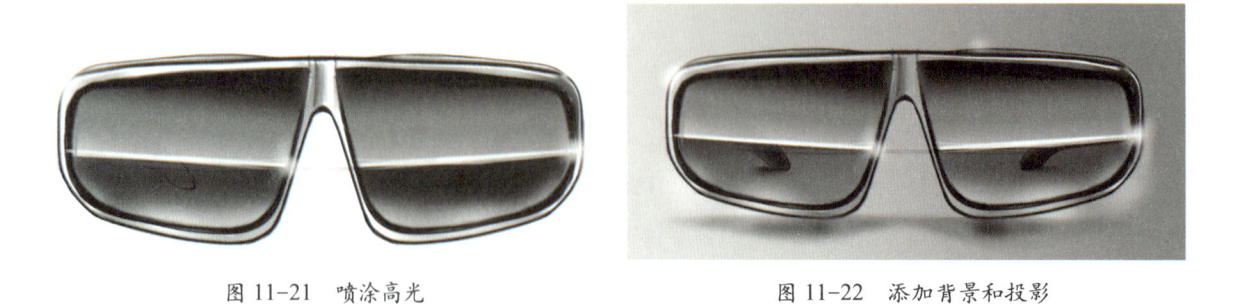

图 11-21　喷涂高光

图 11-22　添加背景和投影

■ 你学会了吗？

请用下面的评价表来评一评吧，获得的星星越多，表示你掌握得越好，不足的地方可以看技巧梳理，通过技巧的提示可以更好地掌握绘制的秘诀。希望同学们能够不懈努力，做到最好！

具体要求	评价标准 完成情况（请对照具体要求，在符合情况的框内打"√"，单选）				技巧梳理
1 线条	线条流畅，能够准确表达出轮廓、结构、分型的关系，细节明确	线条基本流畅，基本能表达清楚结构特征	线条不流畅，难表达清晰结构和细节	线条不流畅，结构表达错误	用肌肉记忆+预测笔迹工具+长线条来完成线条绘制；勾线和线条层分开，容易修改检验。另外，应多加练习
	☆☆☆☆□	☆☆☆□	☆☆□	☆□	
2 材质和光影	透明材质表现明显，光影能跟随结构的起伏变化走	体积感强，材质不够透明	有明暗变化，但没有透明效果	高光位置错误，且没有透明效果	采用叠加法绘制透明材质，注意叠加上的这一层可以通过控制透明度完成透明材质的表达
	☆☆☆☆□	☆☆☆□	☆☆□	☆□	
3 用时	少于 15 min	15～20 min	20～25 min	超过 25 min	多练习，熟能生巧
	☆☆☆☆□	☆☆☆□	☆☆□	☆□	

》 拓展任务 《

任务四　太阳眼镜创新表现

太阳眼镜创新案例如图 11-23 所示。

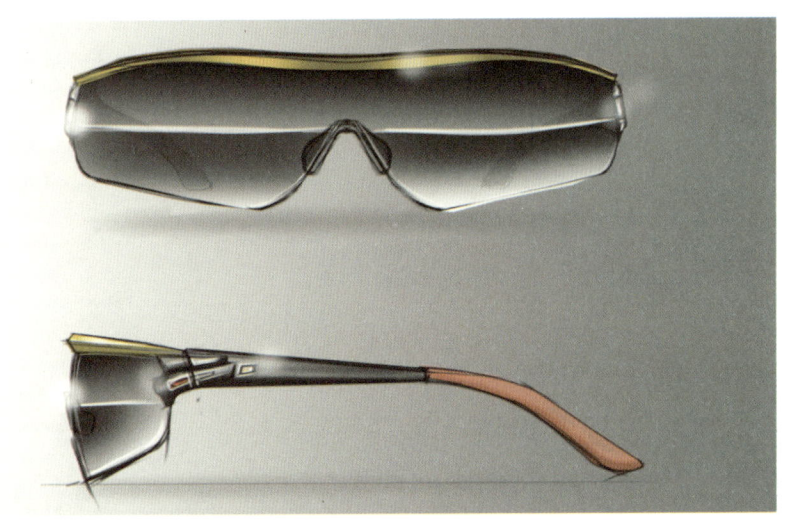

图 11-23　太阳眼镜创新案例

157

素材：创新太阳
眼镜源文件

图片：AI 创新太阳
眼镜

视频：太阳眼镜
创新线条图表现

视频：太阳眼镜
侧视图创新上色

视频：太阳眼镜
正视图创新上色

■ 你掌握得如何？

请将完成的作品和范画进行比对，用下面的量表来自我评价一下吧，获得的星星越多，表示你掌握得越好，不足的地方需要回到本项目前几个任务中梳理技巧，通过技巧的提示可以更好地掌握绘制的秘诀。希望同学们能够不懈努力，做到最好！

评价量表						
项目		具体内容	非常好	较好	一般	有错误	还需努力
1	线条	流畅度	☆☆☆☆☆□	☆☆☆☆□	☆☆☆□	☆☆□	☆□
		线条类型	☆☆☆☆☆□	☆☆☆☆□	☆☆☆□	☆☆□	☆□
2	透视	近大远小	☆☆☆☆☆□	☆☆☆☆□	☆☆☆□	☆☆□	☆□
3	形体	比例尺度	☆☆☆☆☆□	☆☆☆☆□	☆☆☆□	☆☆□	☆□
		分型结构	☆☆☆☆☆□	☆☆☆☆□	☆☆☆□	☆☆□	☆□
		质感	☆☆☆☆☆□	☆☆☆☆□	☆☆☆□	☆☆□	☆□
		体积感	☆☆☆☆☆□	☆☆☆☆□	☆☆☆□	☆☆□	☆□
4	构图	饱满度	☆☆☆☆☆□	☆☆☆☆□	☆☆☆□	☆☆□	☆□
5	用时	少于 60 min	☆☆☆☆☆□	☆☆☆☆□	☆☆☆□	☆☆□	☆□

项目十二 运动鞋绘制

项目分析

随着现代生活质量的提高，为了追求更加健康和舒适，越来越多的人选择运动鞋作为日常穿搭。在线上、线下市场，各类不同功能、造型、面料的运动鞋销量不断升高，现实生活中个人拥有运动鞋的数量和每年更换运动鞋的次数也不断升高。因此，本项目选择运动鞋作为载体，通过AI技术的介入，来实现鞋子的数字手绘和创新表现（图12-1）。

图12-1 运动鞋

学习目标

知识目标

认识鞋子的结构;理解鞋帮分型的方式;掌握数位板绘制运动鞋侧视图的方法。

能力目标

会用喷笔工具绘制运动鞋整体造型及渐消面;能运用高光线塑造鞋底、鞋帮造型;掌握橡皮工具的手绘技巧。

素养目标

养成按比例画鞋的职业习惯;培育精益求精的工匠精神。

任务清单

项目十二　运动鞋绘制

学习阶段	任务细分	重难点	学习建议
初阶任务	任务一　认识运动鞋结构	运动鞋的组成部分,明暗体积分析	课前任务
中阶任务	任务二　运动鞋线条绘制	帮面的分割	课中任务
高阶任务	任务三　运动鞋明暗绘制	鞋帮装饰部件表现,鞋整体体积感表现,渐消面表现	课中任务
拓展任务	任务四　运动鞋创新表现	形式美的把控	课后任务

课件:运动鞋绘制

» 初阶任务 «

任务一　认识运动鞋结构

运动鞋主要分为鞋的帮面和鞋底两部分（图12-2）。为了穿着者在运动时的舒适度、支撑性和保护性，运动鞋在鞋面和鞋底的设计中，进行了改善运动受力及脚踝、足弓等保护性的分割设计，因此，运动鞋的鞋底又可分为鞋垫（有运动气垫）、中底和外底等部分，是体现运动鞋设计的主要特质之一。运动鞋帮面设计包括前帮、中帮和后帮，以及眼片、鞋带、鞋舌等部分，由弹性纤维、人造皮革等材质组成。它们共同构成运动鞋的整体结构和外观。我们在设计手绘时需要从这些部件去考虑表现手法。

图 12-2　运动鞋基本结构

运动鞋的一般比例为长度3个单位，足弓高度1个单位。从人机尺寸来看，一般运动鞋的长度与人脸长度相近。由于运动鞋鞋底设计的高科技感，鞋底较一般休闲鞋要厚一些，在造型上要凸显。为了体现运动感，往往在鞋面设计分割时，采用有秩序且富于变化的运动倾斜线条进行组织，使运动鞋具有动态感，符合产品本身语义特征。运动鞋在色彩上强调对比、明朗的色系。因此，应从鞋面、鞋底进行色彩呼应设计，以达到整体统一和谐。运动鞋由于对足的包裹性较其他鞋子更高，且面料更厚，所以体积感更强。尤其是明暗交界线，会随着鞋面和鞋底多变的结构发生较多的转折变化，整体的明暗交界线需要强调和统一。

》 中阶任务 《

任务二　运动鞋线条绘制

■ **工具准备**

将数位板连接到计算机 USB 接口，打开 SketchBook 软件，开始工作。

■ **任务分析**

运动鞋如图 12-1 所示。运动鞋根据帮面的分割设计要求会有很多的分型线，并且还有一些装饰线条，在表达线条图的时候，需要厘清结构和分型关系，然后强调轮廓线和分型线，并且从结构的转折入手，突出分型线在不同面的轻重关系，尤其是在曲面结构上的分型线表达，用轻重表现转折。

■ **任务实施**

步骤一：首先对运动鞋的尺寸进行确定。在 A4 的纸张上进行构图，运动鞋在纸张上要饱满，和实际尺寸差不多。足长和足弓的比例约为 3 : 1，足弓的高度为中间偏前一些。参考这个尺寸，可以进行鞋子的绘制（图 12-3）。

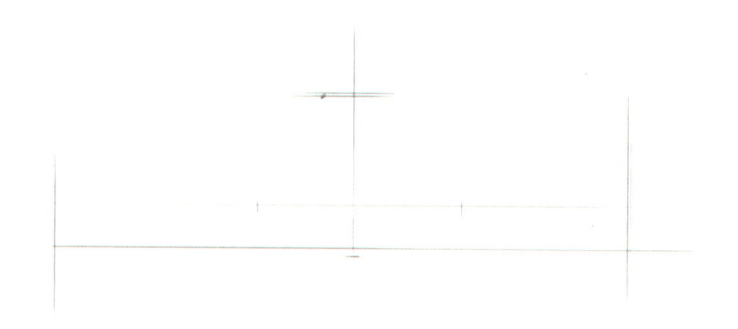

图 12-3　绘制比例

视频：运动鞋线条图绘制

步骤二：建立线条层，勾出鞋底和鞋面的基本轮廓线、结构线（图 12-4）。

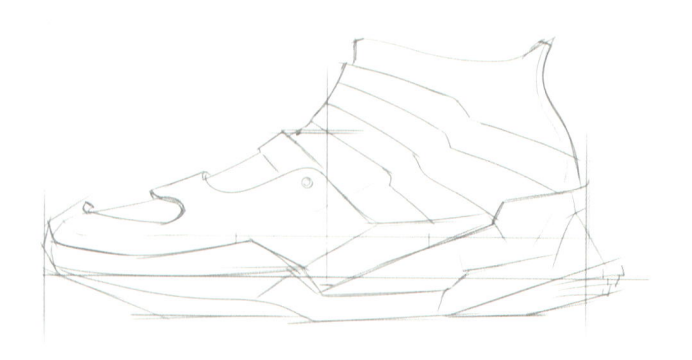

图 12-4　绘制线条图

步骤三：建立勾线层，在结构线的基础上，用 4B 铅笔工具明确出轮廓线和分型线（图 12-5）。

图 12-5　勾线

步骤四：在线条层勾出鞋面的明暗交界线和鞋底的明暗交界线（图 12-6）。

图 12-6　绘制明暗交界线

你学会了吗？

请用下面的评价表来评一评吧，获得的星星越多，表示你掌握得越好，不足的地方可以看技巧梳理，通过技巧的提示可以更好地掌握绘制的秘诀。希望同学们能够不懈努力，做到最好！

具体要求	评价标准				技巧梳理
	完成情况（请对照具体要求，在符合情况的框内打"√"，单选）				
1　线条	线条流畅，类型分明	线条流畅，轮廓线和分型线不明显	线条断断续续，粗细过于一致，没有区分	线条不流畅，结构表达错误	用肌肉记忆＋预测笔迹工具＋长线条来完成线条绘制，分出四种线条的粗细
	☆☆☆☆□	☆☆☆□	☆☆□	☆□	
2　结构	比例准确，结构合理	比例过长或过短，结构基本合理	比例过长或过短，结构有部分错误	比例和结构错误	鞋面的几个分型关系要完整，鞋底的凹凸变化用消失线进行分割连接
	☆☆☆☆□	☆☆☆□	☆☆□	☆□	
3　用时	少于 10 min	10～15 min	15～20 min	超过 20 min	多练习，熟能生巧
	☆☆☆☆□	☆☆☆□	☆☆□	☆□	

» 高阶任务 «

任务三 运动鞋明暗绘制

■ 素材准备

运动鞋上色稿（图12-1）。

■ 任务分析

运动鞋的明暗绘制要从足的明暗大关系上入手，既要满足整体大关系，又要绘制出鞋帮表面的分型部件的细节和材质特征。并且要从审美的角度对分件进行形式美的梳理。将结构线和明暗交界线融合，最终细节服从整体。

视频：运动鞋光影表现

■ 任务实施

步骤一：在线条层下面建立光影层，用多段线工具选取鞋面部分，用喷笔工具对鞋面进行体积感喷涂。第一层用浅灰蓝色，压着边缘用大笔触喷涂；第二层用中号笔触，且较前一色略深，集中到暗面进行喷涂，注意不要全部覆盖前一层；第三层用深灰蓝色，笔触调节更小，重点对明暗交界线进行喷涂，塑造明暗五调子，产生体积感（图12-7）。

步骤二：在鞋面层上面建立鞋底层，用多段线工具选取鞋底部分，用冷灰色半透明喷笔工具对鞋底进行体积感喷涂。再用白色4B铅笔工具，对分裂的边线进行勾画，产生分裂感和体积感（图12-8）。

素材：运动鞋原创源文件

图12-7 绘制鞋面明暗   图12-8 绘制鞋底明暗

步骤三：在鞋面层上面建立鞋帮层，分别用多段线工具选取各个部分，用蓝灰色、黄色喷笔工具对各部分进行体积感喷涂。再用白色4B铅笔工具对边线进行勾画，产生分型感和体积感（图12-9）。

步骤四：在鞋底层上面建立外底层，分别用多段线工具选取前后两个部分，用深灰黄色喷笔工具对各部分进行体积感喷涂。再用白色2B铅笔工具对边线进行勾画，产生结构面的渐消感（图12-10）。

图 12-9　塑造鞋帮装饰带　　　　　　　　　　　图 12-10　塑造外底

步骤五：建立高光层，在鞋面上用白色铅笔工具塑造高光。建立投影层，在鞋底下方用圆形工具绘制出灰色椭圆投影，用模糊工具涂抹边缘，使投影更加自然。最后，增加背景（图 12-11）。

图 12-11　添加细节、投影和背景

■ 你学会了吗？

请用下面的评价表来评一评吧，获得的星星越多，表示你掌握得越好，不足的地方可以看技巧梳理，通过技巧的提示可以更好地掌握绘制的秘诀。希望同学们能够不懈努力，做到最好！

具体要求	评价标准				技巧梳理
	完成情况（请对照具体要求，在符合情况的框内打"√"，单选）				
1　光影	五调子塑造自然，整体体积感强，鞋面和鞋底具有明度对比	体积感强，明暗交界线不准确	体积感塑造一般，且没有反光	体积感弱，没有明暗交界线	采用叠加法绘制明暗五调子，从浅色到深色。主要色彩叠加时，用同色系的不同明度来完成，过渡更加自然
	☆☆☆☆□	☆☆☆□	☆☆□	☆□	
2　色彩	整体色彩区分明确，色彩位置安排相互呼应、协调	色彩对比弱且过于集中	色彩变化单调，没有对比	只有单色	采用互补对比色进行鞋面和鞋底色彩呼应
	☆☆☆☆□	☆☆☆□	☆☆□	☆□	
3　用时	少于 25 min	25～30 min	30～35 min	超过 35 min	多练习，熟能生巧
	☆☆☆☆□	☆☆☆□	☆☆□	☆□	

》拓展任务《

任务四 运动鞋创新表现

运动鞋创新案例如图 12-12 所示。

图 12-12 运动鞋创新案例

视频：运动鞋创新表现　　素材：运动鞋创新源文件　　素材：AI 创新运动鞋图片

■ 你掌握得如何？

请将完成的作品和范画进行比对，用下面的量表来自我评价一下吧，获得的星星越多，表示你掌握得越好，不足的地方需要回到本项目前几个任务中梳理技巧，通过技巧的提示可以更好地掌握绘制的秘诀。希望同学们能够不懈努力，做到最好！

评价量表							
项目		具体内容	非常好	较好	一般	有错误	还需努力
1	线条	流畅度	☆☆☆☆☆□	☆☆☆☆□	☆☆☆□	☆☆□	☆□
		线条类型	☆☆☆☆☆□	☆☆☆☆□	☆☆☆□	☆☆□	☆□

续表

评价量表							
	项目	具体内容	非常好	较好	一般	有错误	还需努力
2	透视	近大远小	☆☆☆☆☆□	☆☆☆☆□	☆☆☆□	☆☆□	☆□
3	形体	比例尺度	☆☆☆☆☆□	☆☆☆☆□	☆☆☆□	☆☆□	☆□
		分型结构	☆☆☆☆☆□	☆☆☆☆□	☆☆☆□	☆☆□	☆□
		质感	☆☆☆☆☆□	☆☆☆☆□	☆☆☆□	☆☆□	☆□
		体积感	☆☆☆☆☆□	☆☆☆☆□	☆☆☆□	☆☆□	☆□
4	构图	饱满度	☆☆☆☆☆□	☆☆☆☆□	☆☆☆□	☆☆□	☆□
5	用时	少于 60 min	☆☆☆☆☆□	☆☆☆☆□	☆☆☆□	☆☆□	☆□

参 考 文 献

[1] 冯阳.设计透视[M].上海：上海人民美术出版社，2009.

[2] 梁军，罗剑，张帅，等.借笔建模：寻找产品设计手绘的截拳道[M].沈阳：辽宁美术出版社，2013.

[3] 薛丹丹.OBE理念下产品设计速写课程改革与探索[J].浙江工贸职业技术学院学报，2020，20（3）：14-18.

[4] 倪昀，赵娜.手绘构造：产品手绘设计[M].北京：机械工业出版社，2023.

[5] [英]斯科特·罗伯森，托马斯·伯特林.产品概念手绘教程[M].于英，译.北京：中国青年出版社，2021.

[6] [英]斯科特·罗伯森，托马斯·伯特林.产品渲染技法全教程[M].张雷，苏艺，王娜娜，译.北京：中国青年出版社，2022.

[7] [荷]艾森，斯特尔.产品设计手绘技法[M].陈苏宁，译.北京：中国青年出版社，2009.

[8] 罗剑，李羽，梁军.马克笔手绘产品设计效果图【进阶篇】[M].北京：清华大学出版社，2015.

[9] 罗剑，李羽，梁军.马克笔手绘产品设计效果图【初级篇】[M].北京：清华大学出版社，2015.